KB044734

나는 당신이
오래오래
예뻤으면
좋겠습니다

피부과전문의 **강현영**의 뷰티 시크릿

나는 당신이
오래오래
예뻤으면
좋겠습니다

강현영 지음

Beautiful

이덴슬리벨

Prologue

언제부턴가 사람들의 얼굴을 유심히 보는 습관이 생겼다. 일종의 직업병으로 드라마를 봐도 내용에 주목하기보다 주인공들의 얼굴과 바디 컨디션을 체크한다. 병원에서 환자들을 대할 때도, 방송 촬영 현장에서 만나는 작가, 피디, 연예인, 또 인터뷰하러 오는 기자 들을 만나면서도, 사람을 꽤 오랜 시간 빤히 쳐다보게 되곤 하는 것이다.

그렇게 사람들을 관찰하다 보면 꼭 이목구비와 몸의 비율 등이 현대적인 미의 기준에 부합해서가 아니라, 몸속으로부터 건강함이 외면의 아름다움으로 발현되어 예뻐 보이는 사람들이 있다.

이런 분들은 보통 생기 있는 피부와 함께 탄력 있고 균형 잡힌 바디를 가지고 있기 마련이다. 그들의 라이프스타일은 예외 없이 생활 속에서 건강 유지를 위한 여러 가지 습관을 부지런히 행하고 있다는 것. 역시나 현재의 모습은 그 사람이 살아온 세월, 평소의 생활 패턴, 건강 상태를 여실히 보여주는 것 같다.

학회 참석 차 해외에 나갔을 때 종종 목격하는 장면 중 하나는 칠십 대 정도로 보이는 은발의 고운 여사님(?)이 가벼운 조깅으로 하루를 시작하는 모습이다. 이런 사람들을 보게 될 때마다 나는 마음속으로부터 존경심이 우러나오는 것을 느끼곤 한다.

환자들이 내게 가장 많이 하는 질문은 "원장님, 나이가 어떻게 되세요?"이다. 나이에 비해서 잘 관리된 모습에 특별한 노하우가 있지 않을까 하는 기대감에서 하는 질문일 것이다. 피부과전문의로서도 한 사람의 여자로서도 나는 세상 모든 여자들의 주된 관심사인 '오랫동안 예쁘게 살아가는 노하우'에 대해 늘 생각하고 연구할 수밖에 없는데, 이런 질문을 들을 때면 그

노력이 조금은 인정받는 게 아닌가 하는 생각에 미소를 짓게 된다.

획일화된 미를 추구하던 시대를 지나 지금은 개인의 개성을 중요시하는 시대이기에 턱이 얼마나 갸름한지, 코가 얼마나 높은지 등 수치화된 미의 기준은 이미 무너진 지 오래다. 하지만 관리의 소홀함으로 인해 푸석푸석 생기를 잃은 피부, 건강에 위협을 줄 만큼 무너진 바디 라인을 개성으로 보기는 어렵다.

인체를 공부하고 인간의 아름다움을 연구하는 데 오랫동안 시간과 노력을 기울인 의사로서 나의 역할은 건강과 미의 추구에 있어 일반에 알려진 잘못된 방법을 교정하고 바른 방향을 설정해 주는 것이 아닐까? 이런 생각에서 출발해 나는 언젠가부터 조금씩 자료를 모으고 집필을 시작했다.

차 한잔 마시며 편하게 수다 떠는 공간, 소소한 피부 고민을 털어놓을 수 있는 곳이 피부과이다. 환자는 물론, 방송 관계자, 기자 들도 이 공간에서는 그냥 평범한 여자가 되어 이런저런 고민과 자신들이 시도해 본 방법들을 쏟아 놓는다.

피부는 밖으로 드러나는 신체 기관이기에, 첫인상을 좌우할 뿐 아니라 자존감의 근원이 되기도 한다. 알레르기나 여드름 등 피부에 트러블이 있을 때에는 다른 사람을 만날 때 괜히 신경이 쓰이고 위축되며 심지어 우울감을 느낀다는 환자들이 많다. 하지만 그런 문제가 개선되면 외출이 기다려지고 새로운 사람을 만날 때도 당당해진다고 한다. 마인드가 긍정적으로 바뀌고 매사에 자신감도 생긴다는 것이다.

참 신기하게도, 스무 살 무렵 우리 병원을 방문해 소소한 피부 고민을 털어놓으며 지금까지 인연을 맺은 환자들과 가끔씩 얘기를 나눠 보면, 그들의 미의 기준이 나이가 들어감에 따라 달라지는 것을 발견하게 된다. 나이가 들수록 인위적인 것을 지양하고, 본인이 가진 장점이 무엇인지를 잘 알게 되어 그것을 오래 유지할 수 있는 방법을 묻는다. 여성들이 스스로 본연의 아름다움에 주목하기 시작한 것이다.

어느 작가는 '아름다움'이라는 우리말을 '나'를 뜻하는 '아름'이라는 말과 '-답다'는 뜻의 '다움'이라는 말의 합성어로 해석했다. 나는 이 해석에 공감한다. 아름다움은 곧 나다움, 즉 자연스러운 본연의 모습인 것이다. 이런 아름다움이야말로 우리가 지향해야 할 진정한 미의 기준이 아닐까?

이러한 아름다움을 찾아가는 길에 전문적 지식을 가진 사람으로서, 또 같은 여성으로서 내가 조금이나마 도움이 될 수 있기를 바란다. 나는 나를 만나는 모든 분들이, 또 이 책을 만나는 모든 분들이 오래오래 예뻤으면 좋겠다. 지난 15년 동안의 경험을 바탕으로 나다운 아름다움을 찾는 데 도움을 줄 노하우와 팁을 모두 모아 정리해 봤다. 잘못된 미의 기준으로 스스로를 괴롭히기보다는 부지런히 내게 맞는 아름다움을 찾아가는 노력을 해 보는 건 어떨까?

그 길에서 내가 사십 대의 당신이 이십 대의 당신보다 더 빛날 수 있도록 도울 것이다. 나는 당신이 오래오래 예쁘게 살 수 있도록, 당신의 뷰티 멘토로서 오래오래 곁에 머물고 싶다.

청담동 진료실에서
강현영

Contents

Step 2
꿀 피부 체인지 업

Step 3
날씬한 몸매,
주름 없는 피부 만들기

Step 4
생체 시계 되돌리는 동안 케어

Step 1
내 몸에 활력 채우기

January

1월

#작은 얼굴

#피부 수분

#카테킨

작고 입체적인 얼굴이란?

거울을 보고 깜짝 놀랐다. 나름 좋은 피부를 타고났으며 동안이라고 믿고 살아왔는데, 워킹맘으로 아이 키우랴 병원에서 진료하랴 요즘은 방송 출연까지 하며 바쁘게 살다 보니 얼굴이 푸석푸석하고 볼살도 조금씩 처지기 시작했다. 이미 처진 볼살을 어쩌랴 하며 거울을 덮어 버릴 수는 없는 일. 나는 당장 귀 뒤부터 헤어라인을 따라 분포한 림프절을 마사지했다. 커피 대신 물을 마셔 수분을 보충하고 비타민C가 풍부한 녹차를 마셨다. 이렇게 작지만 실현 가능한 생활 습관의 변화를 통해 회복되는 피부를 보며 기쁨을 느끼고, 내 손으로 직접 얼굴을 마사지하고 내 몸을 위해 차를 우려내는 일은 일상을 풍요롭게 하는 작은 행복 중 하나다.

일상 속에서 느끼는 작지만 확실하게 실현 가능한 행복 또는 그러한 행복을 추구하는 경향을 일컬어 '소확행'이라고 한다. 일본 작가 무라카미 하루키가 수필집 《랑겔한스섬의 오후》에서 처음 사용한 말인데, 최근 대한민국 젊은층 사이에 트렌드가 되었다. 여성들에게는 큰돈 들이지 않고 나를 가꾸는 셀프 뷰티 역시 삶의 만족과 행복을 주는 '소확행'이다.

나는 직업이 피부과 의사다 보니 영화나 텔레비전을 볼 때는 물론 사람들을 만날 때도 얼굴을 유심히 본다. 그런데 어떤 사람은 얼굴이 작은데도 불구하고 볼살이 마치 불도그를 연상케 할 정도로 늘어지고 아래턱에 두둑하게 살이 붙어 얼굴이 커 보이고, 어떤 사람은 작지 않은 얼굴이지만 볼살이 탱탱하고 턱선의 V라인이 살아 있어 얼굴이 작아 보이기도 한다.

이처럼 작고 입체적인 얼굴이라 함은, 만져 보고 싶을 만큼 탄력 있는 볼살과 날렵하게 위로 올라붙은 턱선을 기본적으로 갖춰야 한다. 아무리 몸이 날씬해도 탄력 없이 축 늘어져 있으면 예쁜 몸매라고 할 수 없듯이 말이다. 그렇다면 셀프 케어로 얼굴을 작게 만들 수 있을까?

림프 순환 마사지로 V라인 만들기

우리 몸에서 혈액 순환만큼 중요한 것이 림프 순환이다. 림프는 우리 몸 구석구석을 흐르며 노폐물을 정화하고 세균과 바이러스, 독소를 제거해 면역력을 높이는 역할을 한다. 얼굴에 흐르는 림프는 귀 아래를 지나 쇄골 아

래에 쌓였다가 겨드랑이로 빠져나간다. 만약 림프 순환이 원활하지 못하면 몸 곳곳에 노폐물과 독소가 쌓여 염증이 생기고 몸이 붓는다. 림프절은 귀 밑, 목, 겨드랑이, 복부, 서혜부, 무릎 뒤에 많이 모여 있어 이 부위를 자주 마사지해 주는 것이 좋다. 단, 림프액은 혈액과 달리 매우 느리게 흐르기 때 문에 천천히 부드럽게 자극해야 한다는 사실을 잊지 말자. 화장품을 바를 때도 림프가 흐르는 방향으로 쓸어 내듯 발라 림프절을 자극해 주자.

아침에 일어나면 얼굴이 잘 부어서 아침 얼굴과 오후 얼굴이 판이하게

TIP 얼굴 작아지는 림프절 마사지

모 프로그램에서 쇼호스트, 배우, 모델과 함께 떠난 힐링 여행 코너를 통해 소개해 화 제가 되었던 림프절 마사지를 추천한다.

① 손바닥 위에 크림이나 로션을 덜고 오일을 한 방울 섞어서 양 손바닥으로 열감이 느껴지도록 비벼 준다.
② 얼굴에 전체적으로 발라 준다.
③ 손가락으로 눈썹 머리부터 양 콧볼까지 부드럽게 쓸 어 준다.
④ 눈 아래부터 관자놀이까지 부드럽게 쓸어 준다. 기 본 개념은 얼굴 중앙에서 바깥쪽으로 림프액을 쓸 어 내는 것.
⑤ 광대뼈 아래 입 주변도 똑같이 바깥쪽으로 쓸어 준다.
⑥ 귀 뒤를 마사지한 후 가볍게 목 라인을 타고 쓸어 준다.
⑦ 쇄골 안쪽에서 바깥쪽으로 천천히 쓸어 준다.

이때 너무 압력을 가해 꾹꾹 눌러 가며 마사지할 필 요는 없다. 의욕이 앞서 피부를 너무 세게 자극 하면 오히려 림프액의 흐름을 방해할 수 있다.

다르다고 호소하는 여성들이 있다. 림프 순환에 장애가 생겼다는 신호다. 표층 림프의 70%는 얼굴과 목에 분포해 있다. 림프관을 따라서 노폐물이 잘 흐르지 않고 순환에 장애가 생기면 자고 일어났을 때 얼굴이 붓기도 하고 피부 탄력이 떨어져 흐물흐물해지며 이로 인해 주름이 생긴다. 이뿐만 아니라 얼굴과 몸에 지방이 쌓여 살이 찌기도 한다.

얼굴이 자주 부어 푸석푸석하고 살쪄 보인다면 림프 순환 마사지가 도움이 된다. 림프 마사지는 노폐물을 배출시켜 피부를 건강하게 할 뿐 아니라 탄력을 높이고 주름을 예방하는 데 도움을 준다. 림프 순환이 잘되면 얼굴이 갸름해지는 것은 물론, 피부까지 좋아지는 셈이다.

TIP 주름을 예방하는 페이스 요가

집에 있는 볼펜 하나면 할 수 있는 페이스 요가. 잘못된 방향으로 뭉쳐 있는 얼굴 근육을 당겨 주는 것이다. 얼굴을 삼등분하면 상안면, 중안면, 하안면으로 나눌 수 있는데, 이 가운데 중안면의 근육, 이른바 '미소 근육'이 발달해야 동안 얼굴이라 할 수 있다. 입가의 처진 근육을 위로 당겨 미소 근육을 자극해 주는 방법이다.

① 볼펜을 입에 물고 입꼬리가 닿지 않도록 긴장 상태를 유지한다.
② 입에 볼펜을 문 채 천장을 바라보며 목을 위아래로 스트레칭한다. 위아래 각 30초씩 바라보기를 5회씩 3번 반복한다. 얼굴은 목과 턱이 근육으로 연결되어 있는데, 이 동작을 통해 중력으로 인해 아래로 처지는 근육을 위로 당겨 줄 수 있다.

EGF 성분의 나노 화장품을 선택하자

EGF(Epidermal Growth Factor)란 상피세포의 성장을 촉진하는 인자로, 1962년 미국의 생물학자 스탠리 코헨(Stanley Cohen) 박사가 발견했다. 주로 하악하선과 십이지장 점막에서 분비되는 폴리펩타이드성 성분(분자량이 작은 단백질 성분)으로, 피부 표면에 있는 수용체와 결합해 새로운 세포의 생산을 촉진시키는 역할을 한다. 일반적으로 25세 이후 EGF 농도가 줄어든다. 처음엔 의료계에서 당뇨병 환자의 발가락 궤양 치료 등 피부 이식이나 상처의 회복을 촉진시키는 데 사용되었으나, 이제 피부 시계를 되돌리는 안티에이징 화장품 성분으로 활용되고 있다. 눈가 주름을 잡는 아이크림부터 피부 재생크림, 세럼, 마스크팩, 메이크업 팩트까지 EGF가 포함된 제품이 출시되고 있을 만큼 요즘 그 인기가 대단하다. 화장품 성분을 살펴보면 휴먼올리고펩타이드-1이나 알에이치-올리고펩타이드-1이라고 표기되어 있는 것을 확인할 수 있다.

TIP 부기 제로! 탄력이 되살아나는 스페셜 세안법

물과 비누만으로 뽀득뽀득 열심히 씻어 낸들 푸석푸석하게 부은 얼굴을 제대로 케어하기는 힘들다. 작은 얼굴을 만들기 위해서는 세안법도 달라야 한다.

① 탄산수 세안법: 아침저녁으로 폼 클렌징은 필수. 여기에 여배우들의 세안 비법인 탄산수 세안을 곁들인다. 폼 클렌저를 사용한 뒤 탄산수를 이용해 씻어 내자. 탄산수 안에 들어 있는 탄산 기포가 모공 깊이 박혀 있는 노폐물과 블랙헤드를 깨끗이 제거해 모공을 수축시키며 수분을 채워 준다. 피부 속 산소 농도가 높아져 피부 톤이 맑아지는 것은 물론, 노화 방지와 항산화 효과로 피부 나이도 젊어진다.
② 시금치 물 세안법: 시금치를 데친 물을 버리지 말고 냉장고에 보관해 두고 세안수로 활용하자. 시금치 속에 있는 베타카로틴이라는 성분이 건조하고 예민한 피부를 진정시켜 준다.

겨울철이면 건조한 날씨 탓에 피부가 굉장히 예민해지고 트러블도 자주 일어난다. 이럴 때 EGF 성분의 화장품을 사용하면 피부세포를 재생시키는 것은 물론, 잔주름을 예방하고 콜라겐과 엘라스틴의 생성을 촉진해 푸석푸석해진 피부에 탄력을 더하는 데 도움을 준다. 또한 아무리 좋은 성분이라도 피부 위에서 겉돌면 소용이 없으므로 작은 나노 입자로 피부 속 깊은 곳까지 영양 성분이 침투하도록 만든 나노 화장품에 관심을 기울이자.

Dr. 강현영의
b e a u t y
c o m m e n t

수술 NO! 얼굴 작게 만드는 시술, 무엇이 있나?

무너진 턱선을 바로잡아 주고 얼굴을 탱탱하게 만들어 주는 주사 시술에 대한 관심이 높다. 마취 없이 시술이 가능할 만큼 통증이 없으며, 부기나 멍 또는 흉터 없이 바로 직장이나 일상생활로 복귀할 수 있다는 것이 최대 장점이다. 주사 시술은 지속 기간이 짧다는 편견을 깨고, 반영구적 효과까지 볼 수 있는 효과적인 시술을 소개한다.

◆윤곽 주사: 숫자상의 나이를 되돌릴 수는 없지만, 얼굴 나이는 되돌릴 수 있다. 늘어진 볼, 이중 턱, 도드라진 광대 부위 등 얼굴을 커 보이게 만드는 원인을 찾아 이목구비를 매끈하게 정돈해 주기 때문에 이른바 '윤곽 주사'라는 이름이 붙었다. 원리는 지방을 녹여 지방세포의 크기를 줄어들게 하고, 말초 혈관과 림프의 순환을 촉진시켜 노폐물 배출을 원활하게 하는 것이다.

◆벨카이라 주사: FDA 승인을 받은 데속시콜산 성분의 주사제로 턱 밑 지방을 개선하는 시술이다. 윤곽 주사가 지방을 녹인다면, 벨카이라 주사는 지방세포를 파괴해 지방을 영구적으로 제거한다. 아울러 콜라겐 생성을 촉진시켜 갸름하면서도 볼륨 있는 얼굴을 만들어 준다.

◆맥(MAC) 주사: 얼굴이 커 보이는 대표적인 이유는 턱과 광대에 과도하게 붙은 근육 때문이다. 윤곽 주사가 지방세포의 크기를 줄인다면, 맥 주사는 지방세포 수는 물론이고 근육까지 줄여 준다. 따라서 턱이나 광대가 발달한 얼굴을 부드럽고 슬림한 V라인으로 만드는 데 도움을 준다.

작은 얼굴 필수품, 페이스 롤러

림프 마사지도 귀찮고 EGF 성분의 화장품도 사용하기 힘들다면 페이스 롤러를 활용하는 것도 하나의 방법이다. 페이스 롤러는 셀룰라이트 분해에도 좋고 얼굴에 경락 마사지를 받은 것과 같은 효과를 준다고 해서 뷰티 리더들의 비법 아이템으로 자리 잡았다. 나이를 가늠하기 힘든 동안 미모와 작은 얼굴을 가진 일본의 톱모델 Y씨를 비롯해 많은 셀럽들이 '애정한다'고 알려져 있다. 여성들이라면 은색 페이스 롤러를 하나씩은 가지고 있을 정도로 전신 다이어트와 부기 제거, 혈액 순환 개선 등을 위해 많이 사용되는 제품이다.

페이스 롤러도 가지각색이다. 다이아몬드 모양으로 커팅된 두 개의 볼(ball)이 V라인을 만들어 주는 것, 미세 전류가 흘러 피부 속 노폐물을 제거하고 탄력을 회복시켜 주는 것, 따뜻하게 데워서 사용해 뭉친 피부 근육을 풀어 주는 것, 중국산 옥돌로 만들어 부종을 해소시켜 주는 것 등 기능도 다양하다. 얼굴 셀룰라이트는 근육이 제 기능을 하지 못해 생기기 때문에 아무리 다이어트를 한다 해도 기대하는 효과를 얻을 수 없다. 광대가 커지거나 팔자 라인이 늘어져 불도그 같은 인상을 주거나 턱에 살이 붙어 이중 턱이 된 경우, 페이스 롤러를 사용하면 셀룰라이트 제거에 도움이 된다.

다양한 뷰티 디바이스가 개발되고 판매되면서 진동 클렌저, 갈바닉 미세 진동 마사지기, LED 마스크 같은 스킨 케어 기기를 사용하는 여성들이 늘고 있다. 하지만 피부가 얇고 외부 자극에 예민하게 반응하는 민감성 피부라면 주의해야 한다. 페이스 롤러 사용 역시 얻는 것보다 잃는 것이 많을 수도 있다. 예뻐지겠다는 의욕이 앞서 과도하게 사용하면 접촉성 피부염 등 염증의 원인이 될 수 있기 때문이다.

얼굴이 커지는 생활 습관 벗어나기

원활하지 않은 혈액 순환, 불규칙한 수면 습관, 자극적인 음식, 과도한 스트레스, 무리한 다이어트 등은 얼굴을 커지게 만드는 주범이다. 혈액 순환이 원활하지 않으면 불필요한 수분이 배출되지 못해 얼굴이 붓는다. 이럴 때는 림프 순환 마사지를 하거나 페이스 롤러로 혈액 순환을 원활하게 하면 부기를 해결할 수 있다.

자기 전에 야식, 그것도 짠 음식을 즐긴다면 우리 몸이 염도를 맞추기 위해 수분을 배출하지 않고 축적해 두어 쉽게 붓는다. 따라서 되도록 짠 음식은 멀리하고 칼륨을 섭취해 나트륨을 배출하도록 해야 한다. 칼륨이 풍부한 식품으로는 바나나가 대표적이다. 바나나와 우유, 제철 과일이나 채소를 함께 갈아 마시면 나트륨 배출에 도움이 된다. 무엇보다 싱거운 음식, 과일과 채소를 충분히 섭취하는 식생활을 유지하는 게 중요하다.

원푸드 다이어트 등의 식이요법으로 무리하게 살을 빼면 조금만 과식해도 몸이 붓게 되고, 불규칙한 수면 습관으로 인해 신진대사가 원활하지 못한 경우에도 몸이 붓는다. 스트레스를 받으면 항이뇨 호르몬이 분비되어 소변 배출을 막는다. 잠자는 습관도 되짚어 보자. 엎드려서 자거나 베개의 높이가 지나치게 높아도 목뼈가 굽으면서 목의 근육이 늘어나 얼굴이 붓는다.

건조한 겨울,
피부 수분을 지켜라

02

#피부 수분

일상에서 피부 수분을 지키는 법

지난겨울, 체감 온도가 영하 20도 이하로 내려갈 정도로 극심한 한파가 몰아쳤다. 그렇게 바깥에서는 거센 바람과 추위에 발을 동동 굴렀지만, 어디를 가나 실내에 들어서면 겉옷을 벗어도 좋을 만큼 따뜻했다. 마음을 녹여 주는 따끈한 차 한 잔까지 있으면 이보다 더 좋을 수 없는 지상 낙원. 그러다가 얼었던 몸이 녹고 두꺼운 옷이 좀 답답하게 느껴지는 순간, 피부에는 가장 좋지 않은 건조한 공기 속에서 그나마 있던 피부 속 수분을 마구 빼앗기고 있다는 생각에 눈이 번쩍 뜨였다. 아무리 추워도 차 안에서조차 난방 기구를 작동하지 않는다는 소문이 있을 만큼 피부 관리에 철저한 여배우 K가 떠올랐다.

겨울철에는 차가운 공기와 낮은 습도, 바깥보다 더 건조한 실내 공기로 인해 피부가 몸살을 앓는다. 밖에서는 찬 공기에 수분을 빼앗기고, 안에서는 건조함에 수분을 빼앗기는 것이다. 겨울에는 실내외 온도차가 심할 뿐 아니라 난방 기구 작동으로 실내 습도가 10% 이하로 떨어진다. 이렇게 심한 온도 변화와 건조한 공기 등 끊임없이 수분을 빼앗기는 환경에 노출되는 겨울철, 우리 피부 컨디션에 적신호가 켜진다.

우리 몸의 세포는 60~70%가 수분으로 이루어져 있기 때문에 수분이 부족하면 문제가 발생하는데, 그 시작은 피부부터다. 정상 피부는 20~30%

의 수분을 머금고 있다. 그러나 겨울철에는 수분 함량이 10% 아래로 떨어진다. 수분을 빼앗긴 피부는 각질이 제대로 떨어져 나가지 않아 하얗게 일어난다. 이 각질을 가라앉히기 위해 로션을 치덕치덕 바르면 각질은 더욱 두꺼워지고 또 그 위에 로션을 잔뜩 바르는 악순환이 계속된다. 그러다 보면 피부는 각질과 화장품 성분으로 뒤범벅이 되고 모공이 막혀 트러블이 발생한다. 수분이 채워지지 않으면 탄력이 떨어져 주름이 생기는 등 피부 노화로 이어진다.

피할 수 없다면 관리해야 하는 법. 목마른 피부에 물을 주어야 한다. 본격적인 노화가 시작되면 피부 재생이 쉽지 않고 사소한 자극에도 피부 회

TIP 극도로 건조한 피부를 되돌리는 긴급 처방

공짜 수분 팩 '물 팩'

겨울철 차가운 공기에 노출되었던 피부가 갑자기 따뜻한 실내에 들어오면 붉게 변하는 경우가 있다. 높은 실내 온도에 적응하느라 모세혈관이 확장되는 것. 극심한 안면 홍조 증세를 보인다면 피부과 진료를 받아야 한다. 하지만 일시적으로 자극을 받아 피부가 붉게 변한 상태라면, 기능성 화장품이나 천연 팩으로 피부에 또 다른 자극을 더하기보다는 화장솜을 생수에 적셔 얼굴에 올려놓기만 하면 되는 '물 팩'을 추천한다.

여름철 자외선에 붉게 그을렸을 때도 물 팩을 해 주면 피부 진정 효과는 물론 미백 효과까지 볼 수 있다. 이는 피부과에서 화상 처치를 할 때 생리식염수를 사용해서 드레싱하는 방법이기도 하다.

건성. 지성. 복합성 피부 모두 가능한 물 팩. 화장품 성분에 민감한 사람이라도 트러블 걱정에서 자유로울 수 있다. 시간은 10분 정도가 적당하며, 시원한 냉수라면 쿨링 효과와 탄력 효과까지 얻을 수 있다.

복 속도가 매우 느려진다. 겨울철 적정 실내 온도를 섭씨 18~21도로 유지하고 공기까지 씻어 준다는 공기 정화 가습기를 작동해 습도를 40~50%로 유지해야 한다. 넓은 사무실이라면 내 책상 위에 페트병을 꽂아 사용하는 미니 가습기를 올려 두면 좋다. 실내 곳곳에 습도 조절에 도움을 주는 숯이나 공기 정화 식물을 놓거나, 작고 날렵한 반려 물고기 몇 마리가 헤엄치는 미니 수족관을 두는 것도 실내 습도 유지에 도움이 된다. 커다란 텀블러에 따뜻한 물을 담아 수시로 마시고 신선한 과일과 채소를 평소보다 많이 섭취하는 것도 피부 수분을 지킬 수 있는 방법이다.

유·수분 밸런스를 지키자

겨울철에는 토너와 수분크림, 미스트 등으로 수분을 보충하는 데 신경을 많이 쓴다. 하지만 많은 사람들이 아무리 수분을 보충해도 '속 땅김'은 해결되지 않는다고 호소한다. 그것은 피부의 유·수분 밸런스가 무너졌기 때문이다. 피부에 수분만 보충해 주면 된다고 생각하면 오산이다. 건강한 피부의 유·수분 비율은 유분 30%, 수분 70%이다.

내 피부가 지성인지 건성인지 잘 모르겠다면, 간단하게 피부 타입을 알아볼 수 있는 방법이 있다. 세안한 뒤 아무것도 바르지 않은 상태로 3시간 동안 기다린다. 세안 직후에는 피부가 클렌저나 물의 영향을 받아 촉촉하게 느껴질 수 있다. 3시간 뒤 얼굴 전체가 땅기는 느낌이 든다면 건성 피부, 반면에 거울을 봤을 때 피지로 인해 번들거리고 티슈로 톡톡 두드려 유분이 배어 나온다면 지성 피부다. 얼굴에서 특히 이마와 코 부위(T존)가 번들거리고 턱과 볼(U존)은 오히려 땅기는 느낌이 든다면 복합성 피부다.

의학적 설명을 덧붙이자면, 우리 몸은 피지를 분비해 피부를 얇게 코팅해서 유분과 수분을 지킨다. 피지 분비가 과다해 번들거린다면 지성 피부, 피지 분비가 잘 되지 않아 피부 속 유분이 부족하다면 건성 피부인 것이다.

흔히 '유분=번들거림'이라고 여기고 피부에 유분은 불필요하다고 생각하는 사람들이 많다. 하지만 피부가 수분을 머금고 있도록 하는 피부 보호막을 만드는 데 있어 유분은 꼭 필요하다. 따라서 피부 내 수분과 유분의 적절한 양과 밸런스가 중요하다. 피부과나 에스테틱에서 피부 나이를 측정할 때 흔히 피부 내 유·수분 분포, 주름, 탄력, 색소 침착, 모공 크기 등을 측정해 종합적으로 분석한다. 피부 속 유분과 수분 비율이 바로잡히지 않으면 피부 보호막은 무너져 건조해지고 각질이 많아지며 트러블이 생긴다.

지성 피부는 겉은 '개기름'이 돌 정도로 번들거리고 속은 건조한데, 문제를 해결하고자 피부는 유분을 더 많이 분비하게 된다. 따라서 수분크림으로 유·수분 밸런스를 맞춰 줘야 한다. 반대로 유분이 부족한 건성 피부는 각질이 많이 생겨 거칠고 푸석푸석하다. 고보습 성분을 함유한 제품으로 유분을 채워 피부 보호막을 회복시켜야 한다. 가장 중요한 포인트는 영양을 충분히 공급하되 유·수분 밸런스를 맞춰 주는 것이다. 따라서 유·수분 밸런스를 맞춘 안티에이징 제품을 사용하는 것이 노화를 막는 방법이다.

함께 방송 프로그램에 출연했던 여배우 L은 건성 피부임에도 불구하고 피부 트러블이 생길까 봐 유분이 들어 있는 크림은 멀리하고 수분크림만 사용했다. 정작 필요한 유분은 전혀 보충되지 않고 있었던 셈이다. 그녀에게 수분크림에 오일을 조금씩 섞어 바르도록 권했다. 처음엔 한 방울씩 사용해 피부 반응을 테스트하면서 양을 늘려가는 것이다. 유·수분 밸런스를 맞추어 줌으로써 피부 보호막을 회복시키면 피부 트러블도 현저히 줄어드는 것을 경험할 수 있다.

피부 나이를 줄이려면 먼저 각질 제거부터

겨울철이면 얼굴 피부는 물론 팔꿈치와 무릎, 종아리 등의 피부가 하얗게 일어나는 현상을 볼 수 있다. 건조함으로 인해 각질층이 두꺼워지면서 각질이 더 많아지는 것이다. 각질층은 피부를 보호하고 수분 증발을 막아 주는 역할을 하지만, 피부가 재생되면 피부에서 떨어져 나간다.

새로운 세포가 만들어지고 죽은 세포가 각질층이 되어 떨어져 나가는 시간은 어린아이는 일주일, 이십 대는 4주 정도 소요된다. 즉 성인의 경우 28일 주기로 피부 아래쪽 기저층에서 새로운 세포가 만들어져 바깥쪽으로 이동하고 죽은 피부세포는 변형되어 탈락되는 과정이 반복되는 것이다.

그런데 피부 재생 속도는 나이가 들수록 점차 느려져 각질이 쌓이게 된다. 특히 여성은 폐경기가 되면 피부 재생 능력이 현저히 떨어지는데, 각질층이 제대로 떨어져 나가지 않으면 하얀 비늘이 덮인 것처럼 두껍고 거친 피부가 되고 만다.

이렇게 각질이 스스로 떨어져 나가지 않는다면 제거해야 한다. 쉬운 예로 우리가 각질 제거에 열을 올리는 발뒤꿈치나 팔꿈치를 떠올려 보자. 회색으로 착색되고 거칠어진 발뒤꿈치나 팔꿈치는 미관상 불결해 보일 뿐 아니라 가려워서 긁으면 하얗게 각질이 일어나기까지 한다. 하지만 각질을 제거하고 나면 뽀얗고 부드러운 피부로 바뀐다.

얼굴 각질도 마찬가지다. 겨울철 얼굴에 각질이 두껍게 쌓이면 아무리 좋은 화장품을 바르고 또 발라도 흡수되지 않고 겉돌 뿐이다. 게다가 각질과 피지, 화장품 성분이 뒤엉켜 모공에 트러블을 일으키고 피부는 건조해지고 주름이 늘게 된다. 화장품이 내 피부에 맞지 않아 피부 트러블을 일으킨다고 생각하기 쉽지만, 사실은 피부를 덮고 있는 오래된 각질 때문인 경우가 많다. 그렇다면 먼저 각질을 제거해 모공을 깨끗하게 하고 피지 흐름이 원활해지도록 만드는 게 중요하다.

홈 케어로 피부 각질을 제거하는 데는 크게 두 가지 방법이 있다. 첫째는 물리적 방법, 즉 세안용 장갑이나 알갱이가 들어 있는 스크럽제로 제거하는 방법이다. 하지만 이는 피부에 지나치게 자극을 주거나 상처를 내어 피부를 손상시킬 수 있어 주의가 필요하다. 두 번째는 화학적 방법이 있

TIP 겨울철 '속 건조' 극복하는 법

겉은 개기름이 도는데 속은 땅기는 데다 피부가 간질거리고 각질까지 차곡차곡 쌓이는 겨울철. 속 건조는 단지 건성 피부만의 문제가 아니다. 속 건조를 극복하는 방법은 무엇이 있을까?

◆오일이나 밤 타입 클렌저를 골라라
건조한 곳에서는 피부가 수분을 빼앗긴다. 물로는 피부 보호막을 지키는 데 한계가 있다. 겨울철에는 오일이나 밤(balm) 타입의 클렌저로 세안해 물 세안 후 발생하는 수분 손실을 최소화하자.

◆7스킨법으로 수분을 채워라
크림이나 오일을 듬뿍 발라도 속 건조, 속 땅김 현상을 극복하기 힘든 겨울철. 7스킨법으로 건조한 얼굴 피부를 개선해 보자. 7스킨법이란 스킨을 화장솜에 묻혀 인내심을 가지고 일곱 차례 반복해 발라 주는 것. 겹겹이 수분을 공급한 만큼 한 번 발랐을 때보다 수분이 충만한 피부를 느낄 수 있다.

◆천연보습인자 NMF로 피부 장벽을 강화하라
피부 장벽이란 피부 맨 바깥 부분인 표피로, 각질세포와 그 사이사이에 위치한 지질이 마치 벽돌과 회반죽처럼 촘촘하게 쌓여 있는 것을 말한다. 피부 장벽이 무너지면 피부는 건조해질 수밖에 없는 법. 세라마이드, 히알루론산, 글리세린, 아미노산 등 천연보습인자 NMF(Natural Moisturizing Factor)로 피부 장벽을 강화하자.

◆시술로 보습과 재생을 동시에 잡는 것도 방법이다
피부과전문의로서 시술로 오랫동안 촉촉한 피부를 유지하는 것도 하나의 방법임을 얘기하고 싶다. 피하 지방층까지 투과해 피부 구석구석에 영양을 공급하는 액티덤 시술로 피부 보습과 재생을 동시에 잡을 수 있다.

다. 현재 각질 제거에 가장 많이 사용되는 화학 성분은 알파하이드록시애 씨드(AHA; Alpha Hydroxy Acid)와 베타하이드록시애씨드(BHA; Beta Hydroxy Acid)다. AHA는 수용성, BHA는 지용성으로 알려져 있다.

이집트 여왕 클레오파트라의 뽀얀 피부의 비결은 당나귀젖이었다고 한다. 당나귀젖에는 AHA 성분인 락틱이 들어 있다. 옛날 우리 어머니 세대에는 목욕탕에 갈 때 우유나 요구르트를 들고 가서 마사지를 하곤 했는데, 여기에 들어 있는 성분도 락틱이다. AHA는 수용성이어서 유분을 통과하지 못하기 때문에 모공 속보다는 피부 표면의 각질을 녹이는 데 효과적이다. 아울러 피부 보습력을 높이기 때문에 건성이나 중성 피부에 적합하다. 살리실산으로 대표되는 BHA는 모공 속에 침투해 각질과 피지, 블랙헤드를 녹여 낸다. BHA는 아스피린에서 추출한 성분으로 항염 작용을 하기 때문에 지성이나 복합성 피부, 여드름 피부에 적합하다.

각질을 제거하고 나면 피부 아래쪽 새로운 세포들이 위로 올라와 피부가 탱탱하고 촉촉해진다. 수분크림이나 영양크림도 쉽게 피부에 흡수된다. 각질 제거는 주 1회가 적당하며, 너무 자주 하면 피부에 자극을 줄 수 있다.

Dr. 강현영의 beauty comment

피부 수분 지키는 생활 습관

겨울철에는 건조한 날씨 탓에 피부가 건조해지고 각질도 많아진다. 비단 겨울철뿐 아니라 사시사철 피부 관리를 위해 내가 가장 신경 쓰는 것은 보습이다. 보습을 위해서는 수분크림, 미스트, 수분 팩이 중요하다. 밤에는 반드시 7스킨법 후 수분크림을 발라 피부에 수분이 충분히 공급되도록 레이어드하고, 낮에는 오일이 함유된 미스트를 뿌려 피부를 촉촉하게 유지해 준다. 일주일에 2~3회 정도 수분 팩을 해서 수분을 보충한다. 나의 경우, 무엇보다 40대 중반이기 때문에 내 몸이 건강해야 피부도 건강하다. 커피나 청량음료보다는 물을 자주 마시고 일주일에 2~3회 유산소 운동을 해서 피부 탄력을 유지하려고 노력한다.

03 거친 피부를 촉촉하게 만드는 차

#카테킨

피부 나이 되돌리는 카테킨이 풍부한 녹차

우리에게 가장 대중화된 다이어트 차를 꼽으라면, 단연 녹차다. 건강 차로 오래전부터 인식되어 왔던 탓에, 화장품에도 녹차 성분이 들어가 있고, 음료와 아이스크림, 과자 등에도 녹차가 함유된 다양한 제품들이 시판되고 있다.

녹차가 피부 나이를 되돌릴 수 있는 것은 비타민C와 항산화 물질인 카테킨을 풍부하게 함유하고 있기 때문이다. 비타민C는 피부를 맑고 환하게 만들며, 카테킨은 자외선으로 손상된 피부를 재생시켜 준다. 여름철 자외선에 달아오른 피부는 물론, 환절기에 거칠어진 피부도 녹차 팩으로 진정시킬 수 있다. 녹차 우린 물로 팩을 하면 건조해진 피부를 촉촉하게 해 줄 뿐 아니라, 항균 효과가 있어 피부 트러블이 올라올 때 피부를 진정시키고 염증을 완화해 준다.

녹차를 마시거나 녹차 가루를 맛보면 떫은맛이 난다. 탄닌 성분 때문인데, 이 성분은 수은, 납 같은 중금속을 몸 밖으로 배출시키는 역할을 한다. 봄철 미세먼지 속에는 중금속이 많은데, 녹차가 이를 배출시키는 데 도움을 줄 수 있다.

무엇보다 녹차 속에 들어 있는 카테킨 성분은 항암 효과가 있으며 해독 작용을 해서 유방암, 방광암, 직장암, 전립선암 예방에 효과적이다. 카테킨은 안토시아닌과 같은 항산화 성분 중 하나이다. 우리 몸속에 쌓인 지방을 배출하는 것은 물론이고, 고지방 음식을 섭취했을 때 지방이 흡수되어 체내에 쌓이는 것을 막아 준다. 또한 나쁜 콜레스테롤의 배출을 도와 고혈압, 심장마비 등 혈관 질환과 성인병 발병 위험을 낮춰 준다.

피부 미용은 물론, 항암과 항염 작용, 콜레스테롤 수치까지 낮춰 주는 녹차. 가까이 할수록 예뻐지고 건강해진다니, 안 마실 수 없다. 녹차를 하루 종일 물 대신 마시는 사람들도 있다. 너무 많은 양을 마시면 오히려 몸에 좋지 않을까 봐 걱정하는 사람도 있겠지만, 걱정할 필요는 없다. 식품의약품안전처 권장 카테킨 일일 섭취량은 300~1000mg으로, 녹차 20잔 분량이다. 그러나 다이어트를 위해 카테킨에서 에피갈로카테킨 갈레이트 EGCG(Epigallocatechin Gallate)만 추출해 건강 보조제로

TIP **피부 노화를 막는 녹차 팩**

녹차 팩은 자외선에 자극받은 피부 온도를 내리고 수분을 공급해 준다. 그뿐 아니라 녹차에 들어 있는 풍부한 카테킨이 피부 노화를 막아 탄력을 회복시켜 준다.

재료: 녹차 가루, 요거트, 밀가루
① 녹차 가루와 요거트를 1:2의 비율로 섞어 준다.
② 밀가루를 섞어 팩을 하기에 적당한 정도로 농도를 맞춰 준다.
③ 팔 안쪽에 패치 테스트 후 이상이 없으면 팩을 얼굴 피부 위에 도톰하게 펴 바르고 15분 뒤 미온수로 씻어 낸다.

복용할 경우에는 얘기가 다르다. 식약처는 EGCG 일일 섭취량을 300mg 으로 제한하고 있다. 너무 많은 양을 한꺼번에 먹으면 간 독성을 유발할 수 있기 때문이다.

갈산 성분이 풍부한 보이차

할리우드 스타인 기네스 팰트로, 영국 축구 스타 베컴의 아내이자 패션 디자이너인 빅토리아 베컴의 몸매 관리 비법으로 잘 알려진 보이차. 섹시 함과 털털함을 겸비하여 20년 간 톱의 자리를 지키고 있는 걸그룹 출신의 가수 L씨가 아침마다 요가를 끝내고 마시는 차로도 유명하다.

보이차는 중국의 운남성에서 나는 대엽종 찻잎을 발효해서 만든 차다. OECD 연례 보고서인 '비만 업데이트 2017(Obesity Update 2017)'에 의하 면 중국의 비만율은 35개 국가 중 31위로, 미국(1위), 멕시코(2위)에 비해 월등히 낮았다.

먹는 걸 즐기는 사람들에게 다이어트는 엄청난 스트레스다. 먹어도 살이 찔까 봐 맘이 편하지 않고, 충족되지 않은 식욕 때문에 잠이 안 오고 머릿속 이 온통 온갖 메뉴로 가득할 정도니 말이다. 먹는 즐거움을 포기할 수 없지 만 또 살이 찌는 것도 용납할 수 없다면, 살을 빼기 위해서는 굶는 게 최고 라고 생각해 무조건 굶는 다이어트와 요요 현상을 반복해 왔다면, 지금부 터라도 난관을 넘어설 수 있는 타협점을 찾아보자. 그 타협점이라 할 만한 것이 바로 보이차다. 보이차로 건강 관리도 하고 살도 빼고 먹고 싶은 음식 도 적당히 먹을 수 있다니 정말 희소식이 아닐 수 없다. 그런데 보이차의 어 떤 성분이 체지방을 배출하는 '착한' 능력을 가진 것일까?

중국은 특히 차 문화가 발달했는데, 그 이유는 기름진 음식을 즐겨 먹으며 대륙의 황사를 견뎌야 했기 때문이다. 중국인들은 '약차'라고 불리는 보이차를 일상생활 속에서 물처럼 즐겨 마시며 몸속에 좋지 않은 지방과 독소가 쌓이지 않고 배출되도록 도왔다. 보이차가 이토록 오랫동안 중국인들의 사랑을 받고, 또 세계적인 차로 발돋움할 수 있었던 이유는 항산화 성분의 하나인 갈산 성분이 지방을 분해하고 배출하는 효과를 지니고 있기 때문이다. 이미 다이어트에 좋다고 알려진 녹차보다 14배나 많은 갈산 성분이 함유되어 있어, 몸속에 지방이 쌓이지 않도록 차단하고 이미 쌓인 지방을 분해시켜 몸 밖으로 배출시키는 작용이 월등하다. 기름진 음식을 먹으면 우리 몸에서 리파아제라는 효소가 분비되어 지방을 축적시키는데, 보이차의 갈산 성분에는 리파아제의 분비를 억제시키는 효능이 있다. 또한 감량한 체중이 다시 본래 상태로 돌아오는 요요 현상을 막아 준다.

보이차에는 갈산만 있는 게 아니라 또 다른 항산화 성분인 카테킨도 들어 있다. 카테킨은 혈관 속에 쌓이는 나쁜 콜레스테롤과 중성지방을 줄여 준다. 또한 잡티 없는 깨끗한 피부 미인으로 만들어 주는 비타민C와 E도 풍부하게 들어 있어 피부 노화 예방과 다이어트, 두 가지를 잡을 수 있다.

녹차를 마시면 카페인 때문에 가슴이 두근거리거나 잠을 못 자는 사람들이 있는데, 보이차에는 스트레스 완화 물질인 테아닌이 들어 있어 카페인의 부작용을 완화시켜 주기 때문에 걱정을 덜 수 있다.

보이차는 일반적으로 티백이나 찻잎을 우려 마시는데, 체중 감량 효과를 보려면 하루에 갈산 성분을 35mg 섭취해야 한다. 계산해 보면 하루 33잔의 보이차를 마셔야 하므로 부담스러운 양이다. 따라서 농축된 분말을 물에 타 먹거나 캡슐형 알약으로 간편하게 먹는 방법을 택해도 좋다.

February

2월

#아이백

#아토피와 건선

#치아시드

01

피곤해 보이는 인상을 주는 다크서클

사람의 첫인상을 결정하는 데 가장 중요한 것 중 하나가 바로 눈이다. 지난밤 과로로 다크서클이 턱까지 내려와 있다거나 림프 순환이 잘 되지 않거나 야식을 든든히 먹고 잠자리에 든 탓에 눈이 퉁퉁 부어 있다면, 상대방에게 좋은 인상을 줄 수 없다. "많이 피곤하신가 봐요"라는 말까지 듣게 되면 스트레스는 두 배로 커진다. 반면 다크서클, 눈가 주름, 눈 밑 지방 없는 깨끗하고 깔끔한 눈가 피부는 까만 눈동자가 더욱 돋보이는 매력적인 눈빛을 선사한다.

다크서클 때문에 병원을 찾아온 A양. 아직 이십 대 후반임에도 불구하고 눈 밑이 퀭하고 어두워 피곤해 보이는 인상이었다. 아니나 다를까, 갸름한 V라인 얼굴에 콧날도 오뚝하고 이십 대답게 피부도 콜라겐이 꽉 차 탄력 있었지만, 피곤하고 어딘가 아파 보이는 인상을 주는 다크서클 때문에 A양 본인은 스트레스가 이만저만이 아니라는 것이었다. 전날 과음을 한 것도 아니고 늦은 야근으로 피곤한 것도 아닌데 눈 밑 다크서클이 도무지 사라지지 않았기 때문이다. 다크서클을 숨기려고 밝은 색상의 컨실러를 발라 보지만, 여러 번 화장을 고치고 신경 쓰지 않으면 어느새 다크서클은 어김없이 존재를 드러냈다. 추운 겨울이면 공들여 한 눈 화장이 건조한 날씨 탓에 다 사라져 다크서클이 더욱 도드라져 보였다.

눈가 피부는 함몰되어 있는 데다 얼굴에서 피부가 가장 얇고 피하지방이 적기 때문에 미세 혈관과 림프관의 순환이 원활하지 못하면 노폐물이 쌓이거나 혈관 밖으로 흘러나와 혈관이 붓고 어둡게 보이는 것이다. 겨울철에 추운 바깥 공기로 인해 혈관이 수축해 있다가 따뜻한 실내에 들어가면 혈관이 늘어나 혈액 순환이 빨라지는데, 피부가 혈액 순환이 빨라지는 변화에 한 박자 늦게 반응해 다크서클이 생기기도 한다. 또 나이가 들어 눈 밑에 지방 주머니가 생기면서 다크서클을 동반하기도 한다.

물론 스트레스 때문에 다크서클이 생기기도 한다. 그래서 전날 늦게까지 야근을 하고 출근한 날이면 동료로부터 "다크서클이 턱까지 내려왔네"라는 말을 듣게 된다. 스트레스와 과로로 인해 미세 혈관과 미세 림프관의 순환이 순조롭게 이루어지지 않기 때문이다. 그 외에도 눈가 주변에 멜라닌 색소가 과도하게 침착된 것일 수도 있다. 비염이 있는 사람들은 비강과 눈 주변의 혈관이 부어 다크서클이 생기기도 한다.

다크서클 고민은 여배우들에게도 예외가 아니다. 메이크업 아티스트가 해 준 완벽한 메이크업으로 브라운관이나 스크린에 얼굴을 비추다가 SNS에 어쩌다 민낯이나 옅은 화장으로 등장하고 나면, 다크서클에 대한 댓글이 반드시 있다. 그래서인지 여배우들은 웬만해서는 민낯을 보이는 걸 꺼린다. 불규칙한 촬영 스케줄로 인해 다크서클을 피할 수 없기 때문이다.

다크서클을 감추기 위해 눈 화장을 더욱 화사하게 해야 한다고 생각하기 쉬운데, 이는 잘못된 생각이다. 눈가 피부는 얇고 피지 분비가 거의 없어 외부 자극에 민감하다. 결점을 감추기 위해 눈가에 자꾸 자극을 주면 다크서클은 더욱 짙어지고 눈가 주름만 깊어진다. 그러면 더 진한 화장으로 감추게 되고, 결국 악순환이 반복된다.

눈 화장을 했다면 아이 메이크업 전용 클렌저로 깨끗하게 지우는 게 중요하다. 혈액 순환이 원활하게 이루어지도록 마시고 난 녹차 티백을 눈 밑에 올려 두거나, 차가운 수건과 뜨거운 수건으로 번갈아 가며 냉온찜질을 해 준다. 아울러 림프 순환을 원활하게 하는 경락 마사지가 도움이 된다. 집에 있는 소주잔을 이용해 눈 주변을 마사지하고, 눈썹 꼬리 부분과 눈 밑을 지압해 주면 순환이 개선되어 다크서클이 옅어지는 효과를 볼 수 있다.

불도그같이 처진 눈 밑 지방

나이가 들면 어쩔 수 없는 눈가 주름과 다크서클만큼이나 마음을 무겁게 만드는 눈가 고민이 바로 눈 밑 지방이다. 그동안 애교 살인 줄 알고 방긋방긋 웃고 다녔는데, 지방 주머니가 점점 커지는가 싶더니 축 처지기까지 하니 불도그처럼 심술궂어 보인다. 거울을 들여다보면 앳된 이십 대의 얼굴은 어디 가고 눈 밑에 심술주머니가 붙은 나이 든 여자가 앉아 있으니, 다들 리프팅은 왜 하고 보톡스는 왜 맞는지 말 안 해도 알 것 같다. "눈 밑 지방만 없으면 열 살은 어려 보일 텐데…"라며 속상한 마음에 혼잣말을 해 보고 손으로 콕콕 눌러도 보지만 주머니처럼 붙어서 줄어들 기미조차 보이지 않는다.

눈 주변의 피부는 티슈 한 장 두께밖에 되지 않을 정도로 얇고, 또 건조하기까지 하다. 그런데 눈은 4초에 한 번 꼴로 깜빡이기 때문에 계속 움직일 수밖에 없으니 잔주름도 잘 생긴다. 게다가 우리는 눈 화장을 얼마나 열심히 하나. 눈꺼풀과 눈가에도 기초 화장품을 바르고 메이크업 베이스와 파운데이션, 파우더까지 바른 뒤 아이섀도와 아이라이너로 색조 화장을 한다. 그뿐만이 아니다. 길고 풍성한 속눈썹도 포기할 수 없으니 마스카라를 하거나 무거운 인조 속눈썹까지 붙인다. 우리 얼굴 중에서 메이크업을 가장 오랫동안 공들여 하는 부위다 보니, 지우는 것도 일이다. 전용 리무버로 꼼꼼히 닦아 낸 뒤 클렌징까지 깨끗하게 끝내야 하는데, 화장하고 지우는 이 과정이 얇은 눈가 피부에는 큰 자극이 된다.

반복되는 메이크업과 클렌징 과정에서 얇고 건조한 눈가 피부는 탄력을 잃어 늘어지고 피부 사이 공간에는 지방이 들어차서 아이백(Under Eye Bag)을 만든다. 두둑한 지방 주머니가 양쪽 눈에 하나씩 생긴 셈이다. 나이가 들면서 아이백 주위에 주름이 생겨 사진 찍기조차 거부하게 된다.

눈가 주름, 다크서클, 눈 밑 지방 등 눈 주변에 생기는 대표적인 문제들을 케어하기 위해서는 눈가 피부 관리에 더욱 신경을 써야 한다. 특히 겨울철에는 눈가가 건조해지기 쉽기 때문에 꼭 아이크림을 챙겨 바르도록 한다. 아이크림은 스킨, 로션 등 기초 제품을 바르기 전에 바른다. 대부분의 스킨에 들어 있는 알코올 성분은 눈에 자극을 주며 눈가 피부를 더욱 건조하게 만들기 때문에, 스킨을 바를 때는 눈가를 피하는 것이 기본 상식이다. 눈가에 바르는 제품은 반드시 안과 테스트를 거친 제품을 사용하고, 피부에 자극을 주지 않도록 중지와 약지로 가볍게 톡톡 두드리듯 발라야 한다. 눈가에 있는 림프가 원활하게 흘러 나가도록 안에서 밖으로 쓸어 내듯이 발라 주는 것도 좋다. 특히 눈 밑 지방이 있는 아이백은 손바닥으로 지그시 눌러 림프 순환을 도와주면 불도그처럼 눈 밑 살이 처지는 것을 막을 수 있다.

Dr. 강현영의 beauty comment

눈 밑 지방 재배치로 굿바이 아이백!

앳된 얼굴에는 앳된 눈매가 필수. 매끈하고 환한 눈가는 나이보다 열 살은 어려 보이게 해 준다. 눈 밑 아이백으로 인해 스트레스를 받는 것은 물론 대인 관계에도 어려움을 겪는다면, 눈 밑 지방 재배치 시술을 통해 볼록한 곳의 지방을 다크서클 부위로 이동해 훨씬 생기 있어 보이는 눈매를 만들 수 있다.

눈 주변이 자주 붓는 사람은 식습관 개선도 필요하다. 짜고 매운 음식을 피하고 채소와 과일을 충분히 섭취하는 것이 좋다.

피할 수 없는 노화의 상징, 눈가 주름

눈웃음이 매력적인 사람들이 있다. 귀엽기도 하고 사랑스럽기도 해서 그 눈웃음을 따라해 보게 된다. 그런데 나이가 들면 눈웃음이 더 이상 예뻐 보이지 않는다. 자글자글한 눈가 주름만이 눈에 들어오기 때문이다.

우리 피부는 근육의 움직임에 따라 자연스럽게 접혔다 펴지는 과정을 반

복한다. 탄력이 떨어지면 접힌 자국이 그대로 남는데 이것이 주름이다. 눈 주변은 얼굴 피부 중에서도 특히 얇고 예민한 부위인 데다 피지선이 적게 분포되어 있어 쉽게 건조해지기 때문에 주름이 잘 생길 수밖에 없다. 혈액 순환이나 림프 순환이 잘 되지 않거나 질병이나 스트레스로 인해 주름이 생기기도 한다. 또한 자외선이나 바람, 추위 같은 환경적 요인과 피부를 자극하고 건조하게 만드는 화장품 사용으로 눈 주위에 잔주름이 생기기도 한다. 눈을 자주 비비는 습관도 눈가 탄력을 떨어뜨린다.

TIP 눈가 주름을 예방하는 생활 습관

1. 아이크림 바르기
눈가가 건조해지지 않도록 꼼꼼하게 아이크림을 발라 피부 수분이 충분히 유지되도록 해야 한다. 아이크림을 선택할 때는 안티에이징 성분을 포함하고 있는 제품을 고른다. 먼저, 활성산소의 집중을 막아 콜라겐 감소를 방지하는 비타민, 폴리페놀, 플라보노이드 등의 항산화 원료가 있다. 그리고 펩타이드, 레티놀, 성장인자 등의 콜라겐 생성 원료가 안티에이징 화장품의 원료로 꼽힌다.

2. 눈 비비지 않기
무심코 눈을 비비는 습관이 굵은 주름을 만든다. 눈가 피부가 자극받지 않고 눈 주변 근육이 되도록 움직이지 않도록 해야 한다.

3. 자외선 차단제 바르기
자외선은 피부 속 콜라겐 양을 감소시키는 주범이다. 자외선 차단제를 바를 때는 눈가까지 꼼꼼하게 발라 준다. 민감한 눈가 피부에 바르는 자외선 차단제는 순한 타입을 선택해야 한다.

4. 전용 리무버로 꼼꼼하게 클렌징하기
눈가는 피부가 예민하기 때문에 전용 리무버를 사용해야 한다. 절대로 박박 문지르지 말고 세심하게 터치한다. 자극은 주름을 만든다는 사실을 명심할 것. 마스카라와 아이라이너는 면봉으로 닦아 낸다. 화장품의 색소 성분이 남아 있으면 멜라닌 색소가 침착되어 다크서클이 생길 수 있으므로 꼼꼼히 클렌징한다.

주름에 본격적으로 신경을 쓰게 되는 것은 대개 삼십 대 이후이다. 선명해진 주름이 점차 눈에 들어오기 때문이다. 이십 대에 잔주름이 하나둘 생기기 시작하고, 삼십 대에 눈꼬리 부분의 주름이 선명해지다가 사십 대 이후에 굵은 주름이 되는 것이 보통이다. 게다가 눈꼬리와 눈꺼풀이 처지면 부쩍 나이가 들어 보인다. 그래서 웃을 때도 마음껏 웃지 못하고 눈꼬리를 두 손으로 팽팽하게 편 채 웃곤 한다. 그러다 보면 눈을 크게 뜨다가 되레 이마 주름이 생기기도 한다.

사실 나이 들어 생긴 주름을 없애기란 그리 쉽지 않다. 주름을 개선하려면 피부 탄력이 좋아야 하는데 이는 피부 진피층의 콜라겐 양에 따라 결정된다. 피부 속 콜라겐은 평생 생성되지만, 이십 대 중반을 넘어서면서 생성되는 양보다 소모되는 양이 더 많아지기 때문에 피부 탄력이 떨어지는 것이다. 그렇다고 포기하면 잔주름이 깊어져 더 많은 굵은 주름이 생길 수밖에 없다.

피부 탄력이 떨어진 상태에서 눈가 주름을 확실히 없애려면 피부과에서 콜라겐 레이저 시술을 받는 것이 가장 좋다. 피부 진피층의 콜라겐 생성을 촉진하여 피부 밀도를 촘촘하게 높여 탄력을 개선하고 주름을 없애 주기 때문이다. 하지만 레이저 시술로 주름을 없앤다고 해도 제대로 관리하지 않으면 눈가 주름이 다시 생길 수밖에 없다.

02 겨울 피부 불청객

#아토피와 건선

피부 건조와 각질의 상관관계

겨울철은 물론 계절이 바뀌는 환절기마다 피부는 건조함으로 인해 몸살을 겪는다. 건조한 공기는 그야말로 피부에 최악의 적이다. 분명 샤워를 하고 3분 이내에 물기가 남아 있는 상태에서 바디로션을 발랐는데도 몸이 가려워 잠을 설치기도 하고, 가려운 부위를 벅벅 긁다가 하얀 각질이 일어나는가 하면, 긁은 부위에서 피와 진물이 나고 빨갛게 피부 발진이 생기기도 한다. 바깥은 물론 실내 공기마저 건조하니 우리 몸의 수분을 빼앗겨 피부 표면이 바짝 말라 가려움증이 생기는 것이다.

아침저녁 세안을 하거나 샤워를 한 뒤에 피부가 땅기는 것은 크게 걱정할 일은 아니다. 일시적인 건조 현상이기 때문이다. 간혹 화장이 들뜬다고 혹시 피부 건조가 심각한 것 아닌가 의구심을 나타내는 사람들도 있다. 그러나 이 또한 일시적인 건조일 수 있다.

하지만 평소에 피부 각질이 하얗게 일어나거나 피부 표면이 갈라진다면 얘기는 다르다. 특히 종아리 피부에 하얀 각질이 일어난다고 호소하는 이들을 종종 본다. 마치 가뭄에 논바닥 갈라지듯 하얀 선이 생긴다면 피부 건조증이 진행되고 있는 것이다. 이때는 치료까지는 아니더라도 관리에 들어가야 한다. 각질층이 너무 두꺼우면 수분과 영양 공급이 제대로 이루어지지 않기 때문에 각질을 어느 정도 제거해야 한다.

그런데 몸의 각질을 제거하라고 하면, 일단 때수건으로 시원하게 박박 밀어야 한다고 생각한다. 그러나 온탕에서 각질을 불려 때수건으로 박박 문질러 각질을 제거하면 피부 표면이 약해지고 예민해져서 피부 방어막이 손상을 입는다. 우리 피부의 각질층에는 천연보습인자가 함유되어 있어 수분 밸런스를 맞춰 준다. 따라서 피부 방어막이 손상되면 더 큰 건조를 유발할 수 있다. 피부 맨 바깥층, 즉 표피는 0.05~0.1mm의 아주 얇은 막이지만 화학물질, 세균, 알레르기 유발 물질 등 외부의 자극으로부터 피부를 보호하는 막중한 역할을 한다. 마치 휴대전화의 액정 보호 필름처럼 말이다. 그런데 이 액정 보호 필름이 손상을 입는다면 어떻게 될까? 손때가 묻는 것은 물론 먼지와 오염물질 등이 틈새로 스며들게 된다.

피부도 마찬가지다. 겨울철 차가운 공기와 건조한 날씨 탓에 피부는 약해

 TIP 피부 건조 잡는 '미강유 보습크림'

피부가 건조할 때 흔히 '바세린'이라는 만능 크림을 바른다. 입술에도 바르고 건조한 팔꿈치, 발뒤꿈치에도 바른다. 바세린은 보습 효과는 뛰어나지만 뻑뻑한 사용감과 바른 뒤 피부가 끈적이는 느낌 때문에 선호하지 않는 사람도 많다. 그렇다면 뛰어난 보습 효과와 함께 사용감도 가벼운 보습크림을 직접 만들어 보자. 피부의 수분을 붙잡아 주는 천연보습인자인 세라마이드가 풍부하게 함유된 미강유를 첨가하는 것이 포인트다. 미강유는 현미를 도정할 때 나오는 쌀겨에서 추출한 기름으로, 인터넷에서 쉽게 구할 수 있다. 바세린은 외부 자극을 차단해 피부를 보호하며, 글리세린은 피부보호막을 만들어 수분 손실을 막는다.

준비물: 바세린, 글리세린, 미강유
① 바세린, 글리세린, 미강유를 1:1:1로 섞는다.
② 약불로 중탕하며 저어 준다.
③ 소독한 용기에 담아 실온에서 굳혀 주면 완성!

완성된 미강유 보습크림은 전신의 건조한 곳에 모두 바를 수 있다. 단, 유분이 많은 얼굴의 T존 부위는 피하는 것이 좋다.

지고 예민해진다. 수분 부족으로 피부가 건조해지고 가렵기까지 한 상태에서 보습으로 해결하기보다 박박 긁거나 때를 밀어 과도하게 각질층을 벗겨내면, 보호막은 손상을 입어 세균이나 알레르기 유발 물질이 쉽게 침투할 수 있고 피부 조직의 수분은 다 빠져나간다. 피부가 쩍쩍 갈라져 살이 트는 건성 습진으로 발전되는 것이다. 그 위에 아무리 보습제를 바른다 해도 손상된 각질층을 회복하는 것은 쉽지 않다.

겨울철에는 피부가 적절한 수분을 보유할 수 있도록 하는 게 피부 건강을 위해 가장 중요하다. 따라서 필요하다면 샤워를 할 때 저자극 약산성 성분의 필링 젤이나 스크럽제로 1~2주에 한 번 정도 각질을 제거해 주고, 보습제를 충분히 발라 피부에 수분을 공급하도록 한다.

겨울에 더 심해지는 아토피성 피부염과 건선

피부가 극도로 가렵고 건조하고, 팔꿈치나 무릎 등 관절이 접히는 안쪽 부위에 빨갛게 습진이 생기는 질환 아토피. 이와는 조금 다르게 붉은 발진이 생기고 비듬 같은 각질이 하얗게 쌓이는 건선. 겨울철이 되면 아토피성 피부염과 건선으로 피부과를 찾는 환자들이 늘어난다.

대체로 아토피성 피부염은 아이들에게 많이 발생하는 질환이지만 종종 성인이 되어서도 증상이 완화되지 않는 경우도 있다. 건강보험심사평가원 통계에 의하면, 2016년 한 해 동안 아토피성 피부염으로 병원을 찾은 환자의 41.4%가 0~9세 어린아이였다. 아토피성 피부염과 건선은 모두 자가 면역 질환이다. 즉 우리 몸을 방어하는 면역세포의 균형이 깨져서 생기는 질환이라는 뜻이다. 면역세포가 너무 많이 만들어져서 오히려 정상 세포를 공격하는 것이다.

아토피성 피부염은 치료를 해도 그때뿐, 잠잠한가 싶으면 다시 가려움증이 생기고 긁거나 자극하면 진물이 나고 발갛게 발진이 생기는 등 호전과 재발을 반복하는 만성적인 염증 질환이다. 아토피성 피부염 환자들은 피부 보호벽 지방이 불완전하게 만들어지기 때문에 피부 보호벽이 매우 약하다. 가려워서 자꾸 긁다 보면 땀과 피부 바깥에 있는 병원체로 인해 피부염이 생기고, 피부는 병원균을 잡기 위해 면역 체계를 발동한다. 그런데 그 결과 면역세포가 피부도 함께 공격해 염증은 악화된다. 피부가 점점 더 예민해지면 스트레스를 받아 우울하고 신경질적인 성격이 되는데, 이는 다시 피부에 악영향을 끼친다.

환자의 혈액을 현미경으로 검사해 보면 호산구가 증가한 것을 볼 수 있다. 호산구는 기관지천식 등의 알레르기성 질환을 앓고 있는 환자에게서 주로 증가하는데, 호산구 수치가 높으면 가려움증이 생긴다.

아토피성 피부염 환자의 수는 세계적으로 증가하는 추세이며, 전 인구의 20%에 이른다. 장소 불문하고 세계 전역에 퍼져 있다. 하지만 그 원인은 아직 명확하게 밝혀지지 않고 있다. 다만 환경적 요인, 유전적 요인, 면역 과잉 반응, 피부 보호막 이상 등이 복합적으로 연관되어 발생한다고 보고 있다. 아토피성 피부염을 정의할 때, '유전적으로 내재된 면역학적 불균형에 의한 질환으로, 피부 건조와 가려움증, 알레르기를 동반한다'고 돼 있어서 대체로 면역 과잉 반응으로 보는 경향이 강하다.

또 다른 면역 과잉 반응의 하나인 건선은 '마른버짐'이라고도 불린다. 어린아이보다는 사십 대 이상의 성인에게서 주로 발병하며, 이 역시 면역 불균형으로 인한 만성 피부 질환이다. 아토피성 피부염과는 피부 병변과 양상이 다르다. 아토피는 가렵고 긁거나 문지르면 진물이 나서 습진이 생기는 데 반해, 건선은 좁쌀 같은 붉은 발진과 '은설'이라고 하는 각질이 수북이 쌓인다. 피부가 면역 반응을 일으키며 새 피부를 만들고 죽은 피부를 내

보내는 것이다. 또한 건선은 외부와 닿아 마찰이 일어나는 팔꿈치, 무릎 부위, 접혔다 펴졌다 하는 주름 부위에 발진이 잘 생긴다. 건선 환자는 흔히 밀가루나 곡류에 들어 있는 글루텐 섭취를 피해야 한다. 등푸른생선에 많이 함유된 오메가3 지방산은 염증 성분의 생성을 억제해 피부를 회복시키는 데 도움을 준다. 단, 등푸른생선에 대해 알레르기 반응을 나타내는 사람이라면 식물성 오메가3 지방산을 섭취하는 것이 좋다.

TIP 아토피성 피부염으로부터 임신 중 태아를 보호하자!

최근 연구 결과에 의하면, 임신 중 임부가 우울과 불안 같은 스트레스 상황을 자주 겪으면 태아가 아토피성 피부염을 가지고 태어날 확률이 1.6배 증가한다고 한다. 따라서 임신 중인 임부라면 마인드 컨트롤을 통해 행복하고 평안한 마음을 가지려 노력하는 게 좋다.

아토피성 피부염은 유전적 요인에 의해서도 발병한다는 사실을 잊지 말자. 알레르기와 아토피 성향의 피부를 가지고 있다면 임신 기간과 모유 수유 기간에 우유, 계란, 등푸른생선, 견과류 등의 알레르기 유발 음식 섭취를 피해야 한다. 또한 인공 착향료와 방부제가 포함된 가공 식품과 인스턴트 식품도 피하는 것이 좋다. 참고로 4개월 이상 모유 수유를 하면 향후 아이의 아토피성 피부염 발생률을 줄일 수 있다고 한다.

아토피성 피부염에 효과적인 쑥 & 달맞이꽃 종자유

아토피성 피부염으로 인한 가려움증과 진물, 발진으로 고생하고 있다면 쑥을 활용해 보자. 쑥은 천연 화장품의 성분으로도 널리 쓰이고 있을 만큼 우리 몸과 피부에 좋은 성분을 많이 함유하고 있다. 쑥은 베타카로틴이나 비타민, 미네랄 성분이 풍부해서 간의 해독 작용을 돕고 지방 대사에 도움을 준다. 또한 해독 작용을 하기 때문에 피부 염증이나 독소 제거에 효과적이며, 혈액 순환을 촉진하기 때문에 피부를 건강하게 만든다.

쑥에는 탄닌이라는 떫은 성분이 있는데, 가려움증을 유발하는 히스타민 물질이 생기는 것을 억제한다. 또한 상처를 빨리 아물게 하고 장과 위의 점막을 보호해 준다. 인체의 불포화지방산과 산소의 결합을 억제해 세포 노화를 방지해 준다.

단, 쑥을 음식으로 섭취하는 경우가 아니라 물과 쑥을 끓여서 쑥 미스트로 활용할 때는 피부 아토피가 심한 상태에서 과하게 뿌리지 않도록 한다. 오히려 염증을 악화시킬 수 있기 때문이다. 염증이 심하다면 보습만으로는 해결할 수 없다. 꼭 피부과전문의에게 진료를 받고 치료제를 처방받아 해결해야 한다.

아토피성 피부염 환자들은 오메가6 지방산인 감마리놀렌산이 부족할 수 있다. 감마리놀렌산은 면역과민 반응을 개선하는 데 효과가 있는 것으로 알려져 있다. 따라서 감마리놀렌산이 풍부한 달맞이꽃 종자유도 아토피성 피부염을 호전시키는 데 도움을 준다. 달맞이꽃은 남아메리카 칠레가 원산지인 꽃으로 월견초, 해방초라고도 불린다. 달맞이꽃씨 기름에는 다양한 치료 효과가 있어 오래전부터 아메리카 원주민들이 상비약으로 사용했고, 유럽에서는 각종 피부 질환의 약으로 사용되어 왔다.

이러한 달맞이꽃 종자유를 섭취하면 피부 보습력이 높아져 피부 건조 현상과 가려움증을 완화할 수 있다. 감마리놀렌산은 그동안 여성들이 갱년기 장애를 예방하고 생리전 증후군을 완화시키기 위해 섭취해 오던 필수품이었다. 그런데 감마리놀렌산은 혈액 속의 콜레스테롤을 낮추고, 염증세포 억제에 도움을 준다. 이뿐만 아니라 체내에서는 에이코사노이드라는 조직 호르몬으로 전환되어 피부 보습에 중요한 성분인 세라마이드 합성을 증가시키고 피부 장벽을 튼튼하게 해 주어 건조한 피부나 아토피 피부염에 좋은 보조제라는 연구 결과가 있다. 항염 효과 때문에 여드름에도 효과적이다.

피부과적으로는 아토피성 피부염의 가려움증 완화를 목적으로 식약처에서 용량을 정해 놓았는데, 성인은 티스푼 2회(1.8~2.7g), 0~9세 아이의 경우 티스푼 1회(0.8~1.8g)이다.

Dr. 강현영의 beauty comment

겨울철 손 피부도 보습이 필요해

비즈니스나 친목을 위해 누군가를 만날 때 거칠고 하얗게 튼 손은 사람을 움츠러들게 한다. 자신감 있는 대인 관계를 원한다면, 겨울철에 손 보습은 필수다. 게다가 겨울철에 건조한 실내 환경과 차가운 외부 공기에 의해 손이 트게 되면 피부 노화도 급격히 진행될 수 있다.

촉촉한 손 피부를 만들고 싶다면, 피부 타입에 맞는 핸드크림을 사용하자. 핸드크림을 바를 때는 반드시 손등에 짜서 발라 준다. 손이 심하게 건조하다면 글리세린이 풍부하게 함유된 핸드크림을 여러 번 덧바르고, 손을 자주 사용하는 일을 한다면 에센스를 가볍게 발라 주자.

설거지를 할 때는 안쪽에 면이 덧대어진 고무장갑을 사용해 피부를 보호한다. 부득이하게 맨손 설거지를 했다면 반드시 핸드워시로 손에 남은 주방 세제를 깨끗이 씻어내고 핸드크림을 바르는 게 좋다.

피부에 수분을 채우는 음식 **03**

#치아시드

채소와 과일로 몸에 수분을 채우자

마흔 중반을 넘어 어느덧 후반을 향해 가고 있기에, 나 역시 피부 노화가 고민일 수밖에 없다. 특히 공기가 건조하기 그지없는 겨울철이 되면 어느 때보다 피부가 푸석푸석해지고 노화가 급격히 진행되는 느낌을 떨칠 수 없다. 탱탱하고 촉촉한 피부를 유지하기 위해서는 화장품을 챙겨 바르는 것만으로는 역부족이다. 내 몸을 수분으로 채울 수 있는 음식을 찾아야 한다. 따라서 겨울철에는 몸에 수분을 채워 주는 식생활이 필수다.

워킹맘으로 대학 입시를 앞둔 아이를 뒷바라지하며 출근도 해야 하는 바쁜 아침이지만, 나는 과일 채소 주스를 꼭 챙겨 마신다. 온종일 바깥 음식을 먹다 보면 채소 섭취량이 부족할 수밖에 없다. 그럴 때는 토마토, 양배추, 파프리카, 당근 등 색깔 채소와 영양이 풍부한 제철 과일을 함께 갈아 마시면 좋다.

토마토는 항산화 성분인 리코펜을 함유하고 있어 활성산소를 배출해 우리 몸의 노화를 늦추는 데 효과적이며 유방암이나 전립선암을 예방한다. 또한 비타민과 무기질 성분이 많이 들어 있어 위염 환자에게 추천하는 식품이다. 빨간 토마토를 잘 익혀 먹으면 리코펜의 흡수율이 높아진다.

시금치 바나나 주스

　겨울이 되면 추운 날씨 탓에 아무래도 활동량이 줄어든다. 걸어갈 거리도 살이 에이는 추위를 피하기 위해 차를 타게 되니 말이다. 그런데 활동량이 줄었다고 먹는 양도 줄어드는 것은 아니다. 추운 날씨에 시달리다 보면 짜고 매콤한 국물 위주의 식사를 하게 된다. 겨울철 건조한 날씨 탓에 몸의 수분은 부족한데 염분 섭취가 많아지면, 피부가 건조해지는 것은 물론 신진대사가 떨어지고 몸이 붓는다. 하루에 2리터의 물을 마셔야 한다고 하지만 그게 말처럼 쉽지만은 않다. 수분 섭취를 한답시고 물 대신 탄산음료나 커피를 많이 마시면 이뇨 작용으로 끊임없이 화장실만 들락날락하다가 몸속 수분은 오히려 줄어든다. 게다가 피곤하고 왠지 기분이 우울하다고 해서 캐러멜 마키아토처럼 달콤한 음료에 휘핑크림까지 듬뿍 올려 마시다 보면, 높은 열량 탓에 되레 체중계 눈금만 올라가는 일이 다반사다.

　그렇다면 추운 겨울철, 따뜻한 물 2리터를 마시는 건 쉽지 않고 무엇으로 수분을 보충해 주면 좋을까? 피부 수분 공급에 효과적인 음료로 시금치 바나나 주스를 추천한다. 뽀빠이도 좋아하는 시금치는 몸속 노폐물 배출을 돕고, 바나나는 신진대사를 원활하게 한다. 우리나라는 사시사철 시금치가 나와 언제든 쉽게 구입할 수 있다. 겨울철에도 단백질과 칼슘 공급원이 되어 주는 포항초, 남해초, 섬초 등을 마트에서 흔히 만날 수 있다. 특히 포항초는 '날씬한 단백질'로 통하는 식물성 단백질을 콩 못지않게 풍부하게 함유하고 있다. 포항의 바닷바람과 햇빛, 유기 퇴비를 먹고 자란 덕에 뿌리부터 줄기, 잎까지 영양분이 고르게 분포해 있다. 카로티노이드 성분은 폐암을 예방하고 풍부한 식물성 섬유질은 다이어트와 장 건강에도 좋다.

　무엇보다 시금치는 비타민C가 풍부해 노화 방지에 효과적이며 피부에 수분을 공급해 탱탱하고 촉촉한 꿀 피부를 만드는 일등 공신이다. 또한 시금치에는 엽산이 풍부해 임신을 앞두고 있는 여성이나 임신부는 즐겨 먹는 것이 좋다.

수분 공급에 탁월한 시금치와 함께 바나나를 갈아 먹으면 포만감까지 느낄 수 있다. 바나나는 100g당 92kcal로 열량이 낮다. 바나나에 들어 있는 비타민A는 피부를 촉촉하게 하며, 비타민C는 화이트닝 효과가 있다. 비타민E는 체내 활성산소를 제거해 노화를 막는다. 또한 미네랄이 풍부하며 루테인 성분이 들어 있어 피부 노화 예방뿐만 아니라 시력 보호, 백내장 진행 완화에도 도움이 된다. 무엇보다 칼륨이 풍부해 몸속 나트륨의 배출을 돕는다. 바나나는 세로토닌 생산을 돕는 비타민B6(피리독신)가 풍부해 스트레스 관리에도 도움을 준다.

요구르트나 꿀을 첨가하면 달콤하게 마실 수 있고, 치아시드를 함께 넣어 갈아 주면 단백질과 오메가3까지 섭취할 수 있다. 치아시드를 첨가하면 처음엔 고소하게 씹히는 맛이 더해지고 시간이 지나면 젤라틴 형태가 된다.

TIP 자기 몸 7배의 수분을 흡수하는 치아시드

치아시드는 고대 마야인과 아즈텍인의 주식 중 하나였다. 먼 거리를 걸어 다녀야 하는 고대인들에게 치아시드는 자기 중량의 7배나 되는 수분을 머금을 수 있는 훌륭한 수분 저장원이 되어 주었기 때문이다. 운동선수들에게 수분은 에너지를 낼 수 있는 원동력이 된다. 치아시드는 뛰어난 수분 저장력으로 인해 '인디언 러너 푸드'라고 불릴 정도로 운동선수들의 필수 아이템으로 자리 잡았다.
치아시드에는 오메가3, 수용성 섬유소, 칼슘, 마그네슘, 인, 망간 같은 무기질이 풍부하며, 밀이나 옥수수보다 많은 단백질이 들어 있다. 아울러 밀가루에 들어 있는 글루텐이 없고, 당 흡수를 지연시켜 혈당 조절에 효과적이라 당뇨 환자들도 즐겨 먹는다.

바나나 껍질로 바디 마사지하고, 바나나로 팩까지

모 프로그램의 하루 여행을 떠나는 코너에서 선보여 화제가 되었던 바나나 껍질 마사지를 소개한다. 바나나 껍질에는 피부를 촉촉하게 만들어 주는 수분이 풍부할 뿐 아니라 섬유질, 지방질, 당분 등이 함께 들어 있다.

방법은 종아리나 팔, 발뒤꿈치 등 건조한 부위를 바나나 껍질로 문질러 마사지한 뒤 미온수로 닦아 내는 것. 이렇게 하면 하얗게 각질이 일었던 부위가 오일 마사지한 것처럼 촉촉해지는 것을 느낄 수 있다.

또 바나나 껍질로 목과 데콜테까지 마사지하면 림프의 흐름이 원활해진다. 바나나 껍질 안쪽에 분포한 천연 산화방지제가 지성이나 복합성 피부의 피부 트러블을 예방한다. 단, 껍질로 마사지를 할 때는 특히 농약 성분이 없는 유기농 바나나를 선택하는 게 좋다.

바나나 껍질 마사지를 했다면 이번엔 바나나 팩을 해 보자. 바나나를 꿀과 함께 갈아서 얼굴에 도톰히 펴 바르고 10~15분 뒤 미온수로 닦아 내면 피부를 촉촉하게 만드는 데 효과적이다. 바나나 팩을 한 뒤에는 보습크림을 발라 준다.

March

3월

#종아리 부종

#동안 호르몬

#블랙커런트

01 올봄엔 종아리 미인으로 거듭나자

#종아리 부종

종아리 부종의 원인

가늘고 각선미가 돋보이는 종아리는 여성의 로망이다. 종아리가 예쁜 여성을 보면 같은 여성이지만 시선이 가는 것을 어쩔 수 없다. 짧은 치마에 하이힐을 신었는데 근육으로 똘똘 뭉친 종아리에 알통까지 툭 튀어나와 있으면 예쁜 각선미라고 할 수 없다. 종아리가 굵은 사람들은 짧은 치마는 물론 스키니진도 잘 입지 않는다. 굵은 종아리가 강조되어 더 굵어 보이기 때문이다. 동양인들은 선천적으로 종아리가 짧고 근육이 잘 붙는다. 한국 여성의 70%는 하체 비만으로 고민한다고 한다. 근육과 알통, 부종으로 똘똘 뭉쳐 완성된 굵은 종아리는 다이어트를 열심히 해도 좀처럼 가늘어지기 힘들다. 하체에는 지방 분해를 억제하는 알파-2 수용체가 많이 분포되어 있기 때문이다.

종아리 부종의 원인은 무엇일까? 가장 큰 원인은 림프 순환 장애다. 우리 몸을 흐르는 혈액 중의 일부는 세포들 사이에 남아 있다가 림프 모세혈관에 모이며 이를 '림프액'이라고 한다. 림프액이 림프절을 통해 원활히 배출되지 않으면 몸속에 노폐물이 쌓여 부풀어 오르는데 이것이 부종이다. 흔히 '부은 게 살이 됐다'고 농담 반 진담 반으로 말하는데, 부은 상태에서 셀룰라이트까지 생기면 그대로 살이 된다.

잘못된 자세도 종아리 부종의 원인이 된다. 오래 서서 일하거나 온종일 앉아 있으면 피가 아래로 쏠리는 하지 부종이 발생하기 쉽다. 또한 하이힐을 즐겨 신거나 스키니진을 즐겨 입는 생활 습관은 혈액 순환을 방해해 종아리 부종뿐 아니라 하지 정맥류까지 생길 수 있다.

아울러 몸 안의 다른 장기에 이상이 있어도 종아리 부종이 생길 수 있다. 종아리가 자주 붓는다고 호소하는 환자들을 검사해 보면 혈관, 심장, 간, 신장, 갑상선에서 이상 징후가 발견된다. 몸이 붓고 소변에 거품이 있으면 신장의 문제를, 숨이 가쁘다면 심장의 문제를 의심해야 한다.

여성 호르몬인 에스트로겐도 부종의 원인이 되는데, 주로 월경 전에 붓는 이유는 에스트로겐이 많이 분비되어 수분 정체 현상이 생기기 때문이다. 특히 다리에 수분이 집중적으로 몰려 다리가 붓고 손발이 차가워진다.

여배우의 종아리 부종 해결책은?

모 프로그램 촬영차 만나게 된 여배우 H씨. 완벽한 미모를 재확인시켜 준 그녀에게도 고민이 있었다. 바로 이십 대 때는 아무리 많이 먹어도 살이 찌지 않았는데 삼십 대가 되니 나잇살을 피할 수 없다는 것. 적외선 체열 측정 검사를 한 결과, 종아리 부위가 푸른빛을 나타냈다. 그 부분이 혈액 순환이 되지 않아 유독 차갑다는 뜻이다. 실제로 종아리 부위를 손으로 만져 보니 다른 부위보다 차갑고 피부 탄력도 떨어져 있었다. 몸의 일부가 붓는 이유는 세포 사이에 있는 노폐물과 독소가 림프관을 통해 배출되지 못하기 때문이다.

의학 생체 나이를 측정해 보니, 신장 기능이 떨어져 있는 상태. 다리나 몸의 부종을 해소할 수 있는 방법으로 그녀에게 해바라기씨와 파슬리 차를 섭취하는 걸 추천했다. 해바라기씨는 비타민E와 비타민B$_6$, 칼륨, 아연이 풍부해서 부종을 해소하는 데 효과적이다. 파슬리는 엽록소 외에도 비타민A 와 비타민C, 철분, 칼슘, 마그네슘이 풍부할 뿐 아니라 혈액 순환을 원활하게 하고 나트륨 배출을 도와 부종을 제거한다.

예로부터 반신욕이 혈액 순환에 좋다는 것은 잘 알려져 있다. 그녀 역시 하체의 혈액 순환이 잘 안 되었기 때문에, 소금과 마그네슘을 풀어 반신욕을 하면 근육이 이완되고 경련이 있는 부위도 풀어질 거라고 조언해 주었다.

종아리 부종을 막는 생활 습관

종아리 부종을 막으려면 첫 번째는 많이 움직여야 한다. 오래 앉아 있거나 오래 서서 일을 하는 경우, 혈액을 심장으로 보내는 정맥혈의 순환이 원활하게 이루어지지 않는다. 틈틈이 몸을 자주 움직여 줘야 혈액 순환과 림프 순환이 원활해진다.

두 번째는 근육 운동을 해야 한다. 운동량 부족으로 근력이 약해지면 혈관의 힘도 약해져 혈액 순환이 원활히 이루어지지 않는다. 운동을 통해 몸의 신진대사를 원활하게 해서 부기를 완화시키고 근력을 키워 부종을 예방해야 한다.

마지막은 식습관이다. 짜고 매운 음식은 몸을 붓게 한다. 카페인 역시 이뇨 작용을 해서 수분을 과하게 몸 밖으로 배출시킨다. 항산화 작용과 동시에 우리 몸에 수분을 채워 주는 채소를 충분히 섭취하고 물을 많이 마시도록 한다. 또한 칼륨은 우리 몸속 나트륨을 몸 밖으로 내보내는 역할을 하기 때문에, 바나나와 키위, 시금치 등 칼륨이 풍부한 식품을 먹는 게 부종 완화에 도움이 된다.

냉수와 온수를 번갈아 가며 샤워하는 것도 도움이 된다. 모세혈관이 수축과 확장을 반복하면서 피부에 탄력이 증가하고 혈액 순환이 원활해지는 효과가 있기 때문이다. 찬물로 샤워하기가 부담스럽다면 족욕부터 시작해 다리 부종을 해결하자. 족욕은 1분 간격으로 냉수와 온수를 5~7회 오가는 정도가 적당하다.

TIP 셀프 림프 순환 마사지

림프 순환이 원활해지면 부종과 셀룰라이트가 생기는 것을 예방할 수 있다. 배우 H씨의 부종을 풀어 준 셀프 림프 순환 마사지. 하루 5분 투자로 다리의 부종을 해결할 수 있는 초간단 마사지를 소개한다.

① 아킬레스건부터 가자미근까지 엄지손가락으로 아래에서 위로 쓸듯이 마사지한다. 이 마사지만으로도 시원해지는 걸 느낄 수 있다.
② 무릎 뒤까지 쓸어 올린 후 오금을 꾹꾹 눌러 준다. 오금은 '제2의 심장'이라 불리는 중요한 림프절이므로 수시로 주물러 준다.
③ 마지막으로 무릎 앞부분을 엄지손가락으로 꾹꾹 눌러 준다.

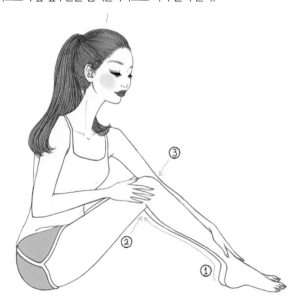

Dr. 강현영의
beauty
comment

스키니 핏이 살아나는 날씬한 종아리 만드는 시술

아무리 다리가 길어도 종아리와 발목이 굵다면 자신 있게 다리를 노출하기 힘들다. 가느다란 발목과 종아리는 아름다운 각선미를 완성하는 데 있어 필수 요소다. 비율로 따지면 허벅지, 종아리, 발목 둘레의 비율이 각각 5:3:2일 때 매력적인 각선미가 만들어진다. 종아리와 발목을 날씬하게 관리하려면 스트레칭을 통해 근육을 충분히 이완시키고 혈액과 림프의 순환을 원활하게 해 주어 부종에 의한 셀룰라이트가 생기지 않도록 해야 한다.

울퉁불퉁하고 굵은 알이 박힌 종아리가 콤플렉스라면, 간편하고 효과적인 시술로 종아리를 날씬하게 만드는 것도 하나의 방법이다. 스키니 핏이 살아나는 날씬한 종아리를 만드는 시술, 무엇이 있을까?

◆종아리 유스키니: 미세혈관과 림프 순환 장애를 개선한 뒤 고주파 열 레이저로 파괴한 지방세포를 배출시키고 피부 탄력을 회복시킨다. 지방층을 균일하게 줄여 주며 멍이나 부기, 출혈이 적다는 것이 장점이다.

〈지방세포가 분해되는 과정〉

◆DPL 주사: 굵은 종아리를 만드는 주범은 도드라져 보이는 알과 비대한 근육이다. 고주파 레이저로 셀룰라이트와 근육을 줄이고 주사로 지방세포를 파괴하는 더블스키니 시술에서 파생된 DPL 주사는 지방형 비만이든 근육형 비만이든 체질과 상관없이 지방은 물론 과하게 붙어 있는 근육까지 감소시켜 준다.

◆비절개 종아리 퇴축술: 종아리에 과다하게 붙은 알이나 근육을 줄이기 위해 신경을 차단하는 시술이다. 신경을 차단하면 수축된 근육이 점차 이완되면서 비대해진 근육이 줄어드는 효과를 볼 수 있지만, 그 과정에서 시술 부위가 저리거나 근육통이 생기기도 한다.

내 피부 트러블이 호르몬 때문?

호전되는가 싶다가도 잊을 만하면 다시 올라오는 여드름과 각종 피부 트러블로 삼십 대 초반 환자가 진료실을 찾아왔다. 작은 얼굴에 이목구비도 뚜렷한 데다 몸매도 날씬했지만, 피부 트러블 때문에 대인 관계에 어려움을 겪고 있었다. 또래 친구들이 화사한 메이크업에 관심을 둘 때, 감춰도 감춰지지 않는 피부 트러블 때문에 눈물을 삼켜야 했을 그녀의 모습이 눈에 보이는 듯했다.

피부 정밀 검사와 호르몬 수치 검사를 했는데, 결과를 확인하며 조금 놀랐다. 여성 호르몬 수치가 현저히 낮게 나왔기 때문이다. 오랫동안 그녀를 괴롭혀 온 피부 트러블은 에스트로겐 감소로 인한 증상이었다. 피부 트러블이 모공을 넓히고 피부 탄력을 떨어뜨려 피부 나이도 사십 대 초반으로 측정됐다. 여드름 흉터로 피부가 착색되고, 과도한 피지 분비로 인해 각질도 많았다.

성인 여드름이나 만성적인 피부 트러블의 원인은 여러 가지가 있다. 피로와 스트레스, 빵이나 과자를 즐겨 먹는 습관, 헤어 제품이나 화장품에 들어있는 각종 화학물질, 스테로이드 성분의 크림이나 연고, 미세먼지 등은 물론 호르몬 불균형도 원인 중 하나다.

호르몬이 우리 몸속에서 이렇게 큰 역할을 한다는 걸 잘 모르는 사람들이 많다. 종합병원에 가면 내분비내과가 따로 있을 정도로, 우리 몸에서는 2000여 가지 호르몬이 분비되어 유기적으로 작용하며 신진대사를 일으킨다. 호르몬은 생식기관의 발달과 기능은 물론, 감정과 피부 컨디션 등 몸이 제 역할을 하도록 돕는 윤활유라 할 수 있다.

에스트로겐

우리 몸속 에스트로겐이 줄어들면 남성 호르몬인 테스토스테론 농도가 높아지고, 이로 인해 피지 분비가 과도하게 많아지면 피부 트러블과 성인 여드름이 생긴다. 흔히 성인 여드름이 난 여성에게 "연애해야 없어진다!"라고 농담 반 진담 반으로 얘기하는데, 이 말이 아주 틀린 말은 아니다. 연애를 하면 우리 몸속 여성 호르몬의 양이 증가하기 때문이다.

동안을 결정하는 뷰티 호르몬, 에스트로겐

"저 사람 동안이네"라고 할 때 사람들은 그 기준을 무엇으로 삼을까? 누군가는 V라인을 지닌 날렵한 얼굴선이라고 답하고, 누군가는 매끄럽고 탱탱한 피부라고 답한다. 동안의 기준을 얼굴에 국한하지 않고 군살 없는 날씬한 몸매라고 답하는 사람도 있다. 나이가 든다고 해서 기본 얼굴형이 둥근 사람이 사각형이 되지는 않는다. 날씬한 몸매도 운동을 통해 가꿀 수 있다. 그런데 피부는 나이를 거스르기가 어렵다.

어려 보이는 피부, 무엇이 결정할까? 바로 여성 호르몬인 에스트로겐이다. 우리 몸에는 수많은 호르몬이 있어서 신진대사에 관여한다. 그중 여성의 난소에서 만들어지는 에스트로겐은 사춘기 이후 여성의 2차 성징에 관여해 배란과 생리, 임신 등 생식기관의 발달과 기능을 책임지는 것은 물론 피부에도 큰 영향을 미친다.

피부는 25세를 전후로 노화가 시작된다. 노화로 인해 피부는 탄력을 잃고 처지며 얇아진다. 주름이 생기고 건조해지는 것은 말할 것도 없다. 에스트로겐은 피부 진피층의 콜라겐과 엘라스틴을 만드는 데 꼭 필요한 호르몬이다. 콜라겐과 엘라스틴은 피부 탄력과 잔주름 개선은 물론, 세포의 재생, 혈관 탄력 유지, 골밀도 유지, 세포 재생에 있어 중요한 역할을 하는 단백질이다. 에스트로겐은 콜라겐과 엘라스틴 외에도 히알루론산과 세라마이드를 증가시켜 피부 보습력을 유지해 준다. '뷰티 호르몬'이란 별명이 괜히 붙은 게 아니다.

또한 에스트로겐은 뇌신경을 보호하고 뇌신경 전달 물질 분비를 조절한다. 오십 대를 전후해 폐경기가 되면 에스트로겐의 양이 급속히 줄어드는데, 그 시기에 많은 여성들이 건망증을 호소하는 것도 이 때문이다.

에스트로겐은 부족해도 문제지만 너무 많이 분비돼도 문제다. 과다 분비된 에스트로겐은 생리불순이나 유방암은 물론, 자궁 안 세포 변이를 일으켜 자궁 근종의 원인이 되기도 한다.

예민한 아내, 신경질적인 엄마

아이가 사춘기가 될 무렵, 엄마도 제2의 사춘기에 접어든다. 아이와 엄마의 호르몬 전쟁이 시작되는 것이다. 아이는 성호르몬의 급격한 증가로 몸과 마음의 변화를 겪고, 엄마는 성호르몬인 에스트로겐의 급격한 감소로 말로만 듣던 폐경기에 이르며 우울하고 신경질적이며 예민해진다. 하지만 어쩌겠는가. 여성들에게 폐경은 숙명인 것을.

여자 나이 50세 전후로 초대하지 않은 손님이 찾아온다. 일명 갱년기다. 남편이나 아이가 뭘 물어도 다 귀찮고 별것 아닌 말 한마디에 분노하며 밤 잠을 못 이룬다면, 밤에 잠자리에 누워 있는데 땀이 흥건히 흘러 이불을 적신다면, 한 시간에 한 번 가던 화장실을 여러 번 가야 한다면, 얼굴이 자주 발갛게 달아오르고 한겨울에도 부채질을 해야 할 정도로 몸에서 열이 난다면, 갱년기를 의심해 봐야 한다. 갱년기가 가져오는 이러한 변화를 아이와 남편은 잘 이해하지 못하기에 여성은 더 우울하고, 하루하루 거울 속 늙어 가는 내 모습을 마주하는 게 쉽지 않다.

갱년기는 여성 호르몬인 에스트로겐이 급격히 감소해 몸속 신진대사에 커다란 변화가 일어나는 것이다. 앞서 설명했듯이 에스트로겐은 피부 컨디션을 좌우하는 뷰티 호르몬이며 생식기관의 기능을 담당하는데, 폐경 즉 월경이 끝나 난소에서 더 이상 에스트로겐을 만들지 않게 되면서 피부에 노화가 찾아온다. 탄력을 잃고 아래로 처져 얼굴선이 무너지고 불도그 같은 눈 밑 지방과 팔자 주름이 생긴다. 멜라닌 과민 반응으로 얼굴 곳곳에 기미와 검버섯이 올라온다. 또 혈관의 탄력 저하와 골밀도 감소, 혈중 콜레스테롤 증가, 기억력 감퇴 등의 문제를 일으키고, 안면홍조와 배뇨 장애, 감정의 변화, 무기력증과 불면증 등도 나타난다. 무엇보다 폐경기는 우리 몸을 더 뚱뚱하게 만든다. 기초대사량이 감소해 예전과 같은 양의 음식을 먹어도 살이 찌기 쉬운 체질이 되는 것이다.

이와 같은 증상을 겪고 있다면, 쿠퍼만 박사가 고안한 갱년기 자가 테스트를 해 보길 권한다. 통계에 의하면, 우리나라 여성들은 평균 49세에 폐경을 겪는다.(출처: 대한폐경학회) 가임기 여성의 1%는 조기 폐경 즉 조기난소부

전으로 20~30대에 폐경을 경험하기도 한다.

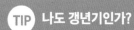

나도 갱년기인가?

뉴욕대학교 의과대학 쿠퍼만 박사가 고안한 갱년기 지수. 일반적으로 나타나는 갱년기 증상 가운데 10여 가지를 뽑아 건강 상태를 점수화하도록 했다.

출처: 미국의학협회지(JAMA)

	증상	상태 정도(점수)		
		약간	보통	심함
1	안면홍조(얼굴 화끈거림)가 있다.	4	8	12
2	손발이 저리거나 찌릿한 느낌이 난다.	2	4	6
3	잠들기 어렵거나 깨어난 뒤 다시 잠들기 어렵다.	2	4	6
4	신경질을 잘 내고 괜히 불안해진다.	2	4	6
5	울적한 느낌이 들 때가 있다.	1	2	3
6	현기증이 난다.	1	2	3
7	쉽게 피로하다.	1	2	3
8	관절마다 근육에 통증이 나타난다.	1	2	3
9	머리가 자주 아프다.	1	2	3
10	가슴이 두근거린 적이 있다.	1	2	3
11	질이 건조하고 분비물이 감소했다.	1	2	3

*자가 테스트 결과, 항목별 점수를 합한 총점이 5~10점이면 경미한 갱년기이고, 10~15점이면 중증도의 갱년기 상태, 15점 이상이면 심한 갱년기 상태라고 볼 수 있다.

식물성 에스트로겐과 근육 운동으로 갱년기를 이기자

갱년기가 찾아왔다 해도 아름답고 어려 보이고 싶은 것이 모든 여성의 바람이다. 의료적 시술로 피부를 탱탱하게 만들 수는 있지만, 우리 몸속 호르몬을 지킬 수는 없다. 식물성 에스트로겐이 많이 들어 있는 음식을 즐겨 섭취하고, 근육 운동을 반드시 해야 하는 이유이다.

공중파 모 생활 정보 프로그램에 출연하며 만난 한 여성은 실제 나이는 50세이지만, 피부 나이를 측정한 결과 33세로 나왔다. 보기에도 삼십 대 초중반으로 보일 만큼 피부가 주름 없이 탱탱하고 잡티 없이 깨끗했다. 호르몬 검사 결과 에스트로겐 수치가 18%로, 일반적인 삼십 대 여성들과 같았다. 흔히 말하는 갱년기에 도달한 그녀가 피부와 호르몬, 두 마리 토끼를 다 잡을 수 있었던 비결은 에스트로겐이 풍부한 석류 섭취와 하루 30분의 근력 운동, 충분한 수면을 통한 스트레스 완화였다.

에스트로겐 감소는 앞서 말한 여러 가지 갱년기 장애의 원인이 되기도 하지만 복부 비만, 셀룰라이트 증가로도 이어진다. 사십 대까지도 날씬한 몸매를 유지했던 여성들도 갱년기 이후 갑자기 늘어나는 체중과 뱃살에 우울함을 떨쳐 내기 힘들다. 몸매는 물론 건강 관리를 위해서는 열량이 높은 육류 위주의 식단보다는 채식 위주의 식단으로 비만의 위험 요소를 줄이기를 권한다.

또 주목해야 하는 것은 에스트로겐이 골밀도와 연관이 있다는 점이다. 에스트로겐 감소로 인해 골밀도가 낮아지는데 이는 골다공증을 일으킬 수 있다. 골다공증이 있으면 골절이 일어나기 쉽고, 회복 속도 또한 더디다.

그런데 식물성 에스트로겐의 대표 주자인 석류가 이런 문제의 해결에 도움이 된다. 석류는 미의 여왕 클레오파트라와 중국의 미녀 양귀비가 젊고 아름다운 피부와 몸매를 유지하기 위해 즐겨 먹었던 것으로 잘 알려져 있다. 알알이 붙어 있는 과육을 떼어 입에 넣으면 신맛과 단맛이 나는데, 비타민C와 에스트로겐, 안토시아닌, 리코펜 등이 풍부하다. 석류에 들어 있는 에스트로겐은 우리 몸에서 생성되는 에스트로겐과 비슷한 구조를 가지고 있어서, 지속적으로 섭취하면 갱년기 증상을 완화하고 노화를 막는 데 도움을 주며 피부 보습을 위해 꼭 필요한 히알루론산의 합성을 돕는다. 석류에는 엘라그산이라는 성분이 들어 있어 혈관의 탄력이 저하되는 것을 막을 수 있다. 흔히 과육만 먹는데 석류의 씨 속에 식물성 에스트로겐이 많이 들어 있기 때문에 착즙해서 먹는 걸 추천한다.

　갱년기 극복을 위해서는 허벅지 근력을 강화하는 운동도 중요하다. 대표적인 운동이 스쿼트다. 갱년기와 근육이 무슨 상관이 있냐고 되물을지도 모르겠다. 사십 대 이후부터는 근육량이 줄고 근육의 힘도 약해진다. 이와 더불어 기초대사량마저 현저히 감소하면 지방 연소 속도가 느려져 아무리 먹는 양을 줄여도 살이 찌는 체질이 된다. 그렇다고 근육 운동은 하지 않은 채 먹는 양만 줄이면 근육량은 계속 감소하게 되고 체지방만 늘게 된다. 그래서 나이 들면 통장 잔고만큼이나 근육 잔고가 중요하다고 하는 것이다. 우리 신체에서 가장 큰 근육인 허벅지 근력을 강화해야 하는 이유다.

식물성 에스트로겐이 풍부한 식품

1. 오미자

빨간색의 작은 열매로 한방에서는 열을 식히는 효과가 있는 것으로 알려져 있다. 오미자 속에 들어 있는 리그난이라는 성분이 얼굴이 빨갛게 달아오르고 심장이 두근거리는 등의 갱년기 증상을 완화해 준다는 연구 결과가 있다. 말린 오미자를 차가운 물에 우려 먹는다.

2. 콩

시중에 이소플라본 성분으로 만든 여성 호르몬 영양제가 많이 시판되고 있다. 이소플라본은 콩 단백질의 하나로, 에스트로겐과 분자 구조나 효능이 비슷하다. 우울증이나 골다공증, 얼굴이 붉어지는 증상 등 갱년기에 찾아오는 신체 변화를 완화시켜 준다. 또한 에스트로겐이 과다하게 분비되지 않도록 조절해 유방암이나 난소암, 폐암 등을 예방한다. 콩 가공식품인 콩나물이나 두부, 두유, 볶은 콩 등을 섭취하면 이소플라본을 보충할 수 있다.

3. 칡

이른바 '식물성 에스트로겐의 여왕'이라고 불리는 칡. 칡 속에는 대두의 7배에 이르는 이소플라본이 들어 있다. 또한 칡 속에 들어 있는 다이드제인은 에스트로겐의 감소로 약해진 뼈를 튼튼하게 만들어 골다공증을 예방한다. 성인병을 예방하는 데도 도움을 준다.

4. 감태

갱년기 장애가 있다면 미역과의 해조류인 감태를 즐겨 먹으면 좋다. 감태는 플로로탄닌 성분을 함유하고 있어 몸과 마음을 편안하게 해 주며 불면증을 해소해 숙면을 취하게 하는 효과가 있다. 감태에 들어 있는 후코이단 성분은 항산화 작용을 해서 암 세포가 생기는 것을 막아 주며, 녹차보다 훨씬 많은 양의 카테킨 성분은 혈액 순환을 개선시켜 각종 혈관계 질환을 예방한다.

블랙커런트 오일

#블랙커런트

프랑스 여자들의 뷰티 필수품, 블랙커런트

학창 시절에 봤던 영화 〈라붐〉 속 여배우 소피 마르소의 청순하고 자연스러운 미모는 오랫동안 기억에 남아 있다. 그런데 세월이 흘러 강산이 몇 번 변했는데도, 그녀는 청순함에 우아함이 더해진 미모로 감탄사를 부른다. '프랑스 여성들은 늙지 않는다'는 말이 있을 만큼 프랑스 여성들은 젊어 보이는 것으로 유명하다. 단순히 팽팽한 동안 미모를 말하는 것이 아니라 자연스러운 생기가 그들을 젊어 보이게 한다고 할까. 프랑스 여성들이 늙지 않는 이유는 겉으로 보이는 외모뿐만 아니라 이너 뷰티에도 신경을 쓰기 때문일 것이다. 소피 마르소는 스트레스를 멀리하는 한편, 평소 블랙커런트가 들어 있는 와인을 즐겨 마신다고 한다.

블랙커런트는 프랑스에서 '아름다움의 열매'로 통하며 여성들의 일상 속에 늘 자리하고 있는 뷰티 필수품이다. 노화를 막고 피부를 윤기 나게 하기 때문이다. 프랑스 식료품 가게에서는 찻잎은 물론 잼과 음료, 소스, 피부 관리 제품, 건강 보조 식품으로 블랙커런트를 쉽게 만날 수 있다. 말린 잎을 차로 우려 마시거나 열매로 만든 잼을 바게트에 발라 먹기도 하고, 블랙커런트가 들어간 버터와 후추, 식초 등의 다양한 제품을 활용해 음식을 조리해 먹는다.

아델과 마돈나 등 많은 해외 스타들이 건강과 아름다움을 위해 블랙커런트를 즐겨 먹는다고 알려져 있다. 영국의 뮤지션 아델은 무려 14kg을 감량하고 나타나 팬들을 놀라게 했는데, 서트푸드 다이어트(Sirtfood Diet)가 그비법으로 알려져 있다. 이것은 블랙커런트를 비롯한 베리류에 풍부한 항산화 물질인 폴리페놀을 섭취함으로써 몸속 단백질 성분인 시르투인을 활성화해 지방을 분해하는 다이어트 방식이다.

블랙커런트는 여름과 겨울의 온도 차가 크고 일조량이 많으며 미네랄이 풍부한 땅에서 자라야 맛과 품질이 더 좋다. 프랑스 와인 산지 중 하나인 부르고뉴는 겨울에는 영하 40도까지 기온이 내려가는 혹한의 땅으로, 블랙커런트 산지로도 유명하다.

프랑스에서는 아주 오래전부터 약용식물로 면역력을 높이는 파이토테라피(phytotherapy), 즉 약용식물요법으로 질병을 치료해 왔는데, 블랙커런트는 대표적인 천연 진통제로 쓰였다. 식물이 만들어 내는 화학물질을 파이토케미컬(phytochemical)이라고 하는데, 당근의 베타카로틴, 토마토의 리코펜, 베리류의 안토시아닌, 마늘의 알라신 등이 대표적이다. 파이토케미컬의 역할은 각종 유해 미생물로부터 자신의 몸을 보호하는 것. 따라서 사람이 파이토케미컬을 섭취하면 노화를 일으키는 활성산소를 제거하고 세포를 건강하게 만드는 항산화 효과를 얻을 수 있다. 파이토케미컬은 이제 단백질, 탄수화물, 지방, 비타민, 미네랄 등 5대 영양소와 제6의 영양소인 식이섬유와 함께 제7의 영양소로 이름을 올리고 있다.

블랙커런트 속에는 비타민A, B_2, B_6, C와 미네랄, 필수 아미노산, 칼륨, 아연 등이 풍부하게 들어 있다. 블루베리, 아사이베리, 크랜베리 등은 항산화 물질인 안토시아닌이 풍부해 슈퍼푸드로 잘 알려져 있는데, 블랙커런트에는 다른 베리류보다 많은 안토시아닌이 들어 있다. 딸기의 4배, 크랜베리의 1.5배가 넘어 '베리류의 왕'으로 불린다.

베리류 중 블랙커런트에만 들어 있는 감마리놀렌산(오메가6 지방산)은 우리 몸속에 들어가 프로스타글란딘이라는 생리활성물질을 만드는데, 이는 호르몬 균형을 잡아 준다. 또한 감마리놀렌산은 염증을 치유하는 필수 지방산으로 아토피성 피부 질환 치료에도 효과적이다.

블랙커런트에 들어 있는 레스베라트롤은 체지방 감소 효과가 있다. 실제로 우리 병원을 찾은 갱년기의 오십 대 여성 두 명에게 2주간 블랙커런트 오일을 섭취하고 근육 운동을 병행하게 한 결과, 체중과 허리둘레, 복부 내장지방이 감소했고 생체 나이도 어려진 걸 확인할 수 있었다. 블랙커런트를 간편하게 섭취하고 싶다면, 블랙커런트 즙을 복용하거나 블랙커런트 가루를 물에 타서 먹으면 된다.

피부 관리를 위해 미용 용도로 나온 블랙커런트 오일을 피부에 바르는 방법도 있다. 갱년기에는 에스트로겐의 감소로 피지 분비가 줄어들면서 피부가 건조해지고 각질도 많이 생기는데, 블랙커런트 오일을 바르면 피부에 막을 형성해 수분을 지켜 준다. 이십 대, 삼십 대에는 기초 화장만으로도 촉촉하던 피부가 나이가 들수록 유분 분비가 줄어들면서 점점 메말라 간다. 이럴 때 저녁 세안 후 자기 전에 블랙커런트 오일을 발라 주면 피부의 수분 손실을 막을 수 있다. 고급 에스테틱에서 받던 항산화 관리를 집에서도 할 수 있는 것. 관리하지 않으면 쉽게 노화되는 얼굴, 입술, 목, 손, 두피, 모발 등에도 발라 주면 콜라겐 생성을 돕는다.

Step 2

꿀 피부 체인지 업

April

4월

#미세먼지

#모공 케어

#클로렐라

01

미세먼지로부터
피부 방어막 지키기

피부의 새로운 적, 미세먼지

한겨울에도 '미세먼지 나쁨'인 날들이 이어지더니, 봄철이 되자 미세먼지 마스크를 착용하지 않고는 외출을 할 수 없을 만큼 지독하게 미세먼지의 공포가 더해졌다. 미국 예일대와 컬럼비아대가 공동으로 연구해 발표한 '환경성과지수 2016'을 보면, 우리나라 공기질은 180개국 중 무려 173위. 미국 LA나 프랑스 파리, 영국 런던보다 2배가량 나빴다. 미세먼지 속에는 수은, 납, 아연, 카드뮴 등 중금속과 다이옥신이라는 1군 발암물질이 들어 있는 것으로 보고되고 있다. 영화 〈인터스텔라〉에 나오는, 사람을 죽어 나가게 하는 대기 오염의 공포가 이제 먼 미래의 얘기가 아닌 현재 우리가 걱정해야 할 일이 되어 버렸다.

대한민국에 산다면 누구든 아침에 눈뜨면 미세먼지 앱으로 오늘의 미세먼지와 초미세먼지 지수를 체크하는 게 일상이 되었다. 나는 운전을 하면서도 마스크를 벗지 않는다. 미세먼지가 차량 내에도 유입되기 때문이다. 외출하고 돌아오면 옷부터 갈아입는다. 하루 입었어도 오염이 심각할 것이기에 얼른 옷을 벗어 세탁 바구니에 넣은 뒤, 곧바로 샤워를 하고 머리까지 감아야 비로소 미세먼지 걱정에서 벗어날 수 있다.

날이 풀리자 가벼운 옷차림으로 거리를 오가는 사람들이 보인다. 그런데 하나같이 커다란 마스크로 코와 입을 가린 채 눈만 내놓고 있다. 산들바람

쐬러 다니던 봄나들이는 옛이야기가 되어 버린 지 오래다. 미세먼지가 심할 때는 "애들 어린이집에 보내도 되나요?"라는 문의와 "미세먼지 때문에 애들을 밖에 내보내기가 겁나요"라는 이야기가 심심치 않게 들려온다.

코는 답답하고 눈은 뻑뻑하고 입은 텁텁하고, 각종 호흡기 질환과 안구 건조증과 구강 건조를 일으키는 미세먼지. 그 크기는 머리카락의 약 5분의 1이며 초미세먼지는 20분의 1 정도로 매우 작기 때문에 가래나 기침으로도 걸러지지 않은 채 호흡을 통해 우리 몸속에 들어온다. 미세먼지가 주요 장기에 도달하는 시간은 단 15분. 폐에 도달해 폐포를 손상시키며, 초미세먼지는 혈관을 막거나 장기에 손상을 입힌다. 또한 활성산소를 만들어 노화를 빠르게 한다.

그런데 직업은 어쩔 수 없나 보다. 사람들은 '폐 속에 콕콕 박히는 미세먼지'를 걱정할 때, 나는 '모공 속에 콕콕 박히는 미세먼지'를 걱정하게 되니 말이다. 그도 그럴 것이, 앞이 잘 보이지 않는 뿌연 미세먼지를 뚫고 다니며 일상을 살아야 하는 요즘, 사람들이 내게 가장 많이 하는 질문은 "선생님, 미세먼지가 피부에 그렇게 나쁜가요?"이다.

미세먼지가 피부 장벽을 무너뜨린다

가끔 하늘을 올려다보자고 얘기하지만, 요즘은 하늘을 올려다보면 숨이 꽉 막히는 것만 같다. 하늘을 한 번씩 올려다보는 것은 이제 여유를 갖고 한숨 돌리기 위해서가 아니라 미세먼지 농도를 확인하기 위해서이다. 어쩌다 미세먼지가 '좋음'인 날은, 너도나도 파란 하늘을 찍어 SNS에 올리기 바쁘다. 그만큼 우리는 요즘 미세먼지라는 환경 문제를 피부로 실감하며 살고 있다.

겨우내 뾰루지 없이 지냈던 피부가 봄철이 되니 더 건조하고 트러블이 생긴다고 호소하는 환자들도 많다. 과거에는 "꽃가루 때문에 가려워요"라고 하는 환자들이 많았다면, 요즘은 미세먼지 때문인지 얼굴에 뭐가 나고 가려워요"라고 하는 환자들이 부쩍 늘었다.

맞다. 속상하고 안타깝지만, 이게 다 미세먼지 때문에 피부 장벽이 무너진 탓이다. 피부 속으로 들어간 미세먼지는 피부 진피층에 분포한 콜라겐을 분해해 피부를 푸석푸석하게 만들고 노화를 촉진한다.

황사는 걸레로 닦으면 노란 입자가 눈에 보이지만, 미세먼지는 눈에 보이지 않는다는 게 문제다. 게다가 봄이 되어 기온이 따뜻해지면 피부는 겨울 내내 닫혀 있던 모공을 열어서 피지 분비가 더 왕성해진다. 작은 입자의 미세먼지는 피부 모공 속에 켜켜이 박혀 피지 분비를 방해하고 피부 장벽을 무너뜨린다. 또한 미세먼지가 모공을 막으면 노폐물이 제대로 배출

되지 못해 피부 트러블이 생긴다. 그러면 성인 여드름과 뾰루지는 물론, 아토피 피부염이나 알레르기 피부염 등이 생기거나 악화되며, 이는 피부 노화로 이어지게 된다.

미세먼지로부터 피부를 지키는 법

그렇다면 봄철 미세먼지에 노출된 피부를 어떻게 보호해야 할까? 먼저 봄철에는 외출할 때 자외선 차단제를 바르는 것이 필수. 단, 자외선 차단제를 선택할 때 유분기가 많은 제품은 미세먼지를 흡착할 수 있으니 피한다.

자외선 차단제에 메이크업 베이스, 비비크림, 파운데이션, 파우더 등 메이크업 제품을 여러 개 바르다 보면, 미세먼지가 더욱 흡착되기 좋은 환경이 될까 봐 걱정이 되기도 한다. 요즘엔 시중에 자외선 차단제뿐만 아니라 비비크림, 수딩크림, 폼 클렌저까지 안티 폴루션 기능이 있는 제품들이 많이 나와 있다. 안티 폴루션이란 황사나 미세먼지 같은 오염물질이 피부에 닿아 자극을 주지 않도록 막아 주는 제품이다. 안티 폴루션 제품으로 미세먼지 차단 효과를 얻는 것도 방법이다.

외출하고 돌아와 현관문을 열기 전에 먼저 옷과 신발을 털어 내는 습관도 중요하다. 바깥 공기 속 미세먼지가 흡착된 옷은 하루 입고 세탁하는 게 좋다. 그렇지 않으면 미세먼지가 다시 피부 속으로 유입될 수 있다.

집에 귀가하면 파운데이션과 파우더, 피지와 땀, 미세먼지로 범벅된 피부를 꼭 세안해야 한다. 늦은 밤에 돌아와 너무 피곤한 나머지 클렌징도 못하고 잠이 들어 버린다면, 트러블은 절친 맺자며 붙어 다닌다. 미세먼지로 오염된 모공을 깨끗이 하려고 알갱이가 들어간 스크럽제를 사용하는 것은 금물이다. 미세먼지로 인해 민감해진 피부에 오히려 자극을 주어 피부가 더 예민해질 수 있기 때문이다. 이때는 피부 타입에 맞는 폼 클렌저로 가볍게 세안한 뒤, 시금치를 우려내 차갑게 식힌 물로 2차 세안한다. 시금치에는 수용성 비타민인 비타민B$_7$, 즉 비오틴 성분이 들어 있어 피부와 두피, 모발을 건강하게 유지시켜 준다. 시금치 물로 세안한 뒤에 톡톡 두드려 흡수시켜 주고, 깨끗한 물로 한 번 더 씻어 준다.

폼 클렌징만으로 성에 차지 않는다면, 클렌징 기기를 사용하는 것도 괜찮다. 단, 브러시가 깨끗하게 관리되지 않은 상태라면 오히려 피부 트러블을 유발할 수 있다는 걸 명심하자.

무엇보다 피부 면역력을 높여 주는 것이 중요하다. 한번 망가진 피부를 되돌리려면 시간과 돈이 드는 법. 지나친 음주와 스트레스, 수면 부족이 일상이 되면 아무리 좋은 화장품과 뷰티 기기, 피부과 시술도 효과가 없거나, 효과가 있다 하더라도 지속되기 힘들다. 나는 평소에 비타민C가 풍부한 과

TIP 브로콜리 미스트 만들기

브로콜리 속에는 기미, 검버섯의 멜라닌 색소 침착은 물론, 자외선에 의해 과다하게 분비되는 멜라닌 색소의 침착을 차단하는 설포라판이란 성분이 들어 있다. 설포라판은 자외선에 의해 붉게 달아오른 피부를 진정시키며 피부암을 예방하는 데도 효과적이다. 설포라판은 글루타티온 전이 효소의 합성을 촉진시키는데, 글루타티온 전이 효소는 우리 피부에 암을 일으키는 과산화 물질을 제거한다. 브로콜리로 피부에 좋은 미스트 만드는 법을 소개한다.

재료: 브로콜리, 정제수, 알로에 젤
① 브로콜리 한 송이를 적당한 크기로 잘라서 끓는 물에 데친다.
② 데친 브로콜리, 정제수 500㎖, 알로에 젤 2큰술을 믹서기에 넣고 간다.
③ 면 보자기를 이용해 즙만 걸러 낸다.
④ 차갑게 식혀 소독한 스프레이형 용기에 담고, 미세먼지로 자극받은 피부에 뿌려 준다. 냉장 보관하면 2주 정도 사용할 수 있다.

일을 많이 먹기 위해 노력한다. 날씨가 조금씩 더워지면서 음료를 많이 마시게 되는데, 커피보다는 녹차를 마신다. 녹차 속에 들어 있는 비타민C는 피부를 윤기 있게 만들어 주고 카테킨 성분은 항산화 작용을 해 노화를 늦추는 데 효과가 있기 때문이다. 아울러 몸 안의 노폐물과 미세먼지 배출을 돕기 위해 충분한 물을 섭취하려고 노력한다.

TIP 미세먼지, 톳으로 씻고 매생이로 배출하자

1. 모공 속 미세먼지 씻어 주는 톳

바다에서 나는 톳은 보통 나물처럼 무쳐 먹는데, 식이섬유가 풍부해 장을 깨끗하게 만들어 피부에도 좋다. 그런데 톳으로 세안을 하면 미세먼지 제거에 그만이다. 톳에 있는 진득진득한 물질은 알긴산이라는 성분으로, 금속 이온과 결합해서 미세먼지를 흡착하는 성질이 있다. 또한 알긴산은 자기 중량의 200배 넘는 수분을 끌어당겨 피부를 촉촉하게 만든다. 톳은 미세먼지를 씻어 주고, 피부 속 콜라겐을 파괴하고 멜라닌 생성을 촉진하는 자외선으로부터 피부를 보호해 주는 역할을 한다. 톳 세안법은 아주 간단하다.

① 외출하고 돌아오면 평소 하던 대로 화장을 지운 뒤 클렌저로 세안한다.
② 물에 톳을 약간 넣어 충분히 우려낸 뒤, 그 물로 한 번 더 세안한다. 톳의 비린내로 인해 세안하기 힘들다면 살짝 데쳐서 비린내를 없애 준다.

2. 몸속 미세먼지 배출하는 매생이

'봄볕에 며느리 내보내고, 가을볕에 딸 내보낸다'는 말이 있다. 가을보다 봄에 일사량이 훨씬 많기 때문이다. 봄이 되면 피부는 자외선과 미세먼지로 인해 몸살을 앓는다. 이럴 때 추천하는 식품이 바로 매생이다. 매생이는 단백질, 탄수화물, 지방, 비타민, 무기질 등 5대 영양소를 골고루 함유하고 있어 미국항공우주국(NASA)의 우주 식량으로 지정됐다. 매생이는 수분이 95%를 차지하고 있어서 미역이나 김 등 다른 해조류와 비교해 수분이 월등히 많다. 따라서 우리 몸속에 들어오면 피부에 수분을 채워 주는 효과가 뛰어나다. 또한 식이섬유와 알긴산이 풍부하게 들어 있어 노폐물이나 봄철 미세먼지, 황사, 꽃가루를 배출하는 효과가 있다. 비타민E가 풍부해 활성산소를 제거해 주름이 생기는 것을 막아 주기도 한다.

콤플렉스를 유발하는 지긋지긋한 블랙헤드

3월 대학에 입학한 새내기들에게 4월은 미팅의 계절이다. 5월이 되면 대학교마다 축제가 열리는데, 멋진 남자친구랑 팔짱 끼고 축제에 나타나야 왠지 어깨가 으쓱해지기 때문이다. 남자친구가 아니라 남자 사람 친구라도 대동하려면 지금부터 열심히 인맥 관리를 해야 한다. SNS에 사진 꾸미기 앱을 죄다 동원해 '뽀샤시'한 프로필 사진을 올리고 미팅 약속을 잡았는데, 막상 얼굴을 마주했을 때 상대방 표정이 떨떠름하면 낭패. 프로필 사진에 배신감 느끼지 않도록 최대한 피부 관리에 들어가야 한다.

하지만 거울 앞에서 피부 상태를 보고 있자니 좌절감이 든다. 넓은 모공과 그 속에 박혀 머리를 내밀고 있는 블랙헤드 때문이다. 《크리스마스 캐럴》의 스크루지 영감, 〈개구쟁이 스머프〉의 가가멜처럼 코만 보이는 것 같다.

짜고 또 짜고, 뿌리를 뽑겠다는 집념으로 시간만 나면 짰건만 불사조처럼 다시 모습을 드러내는 까만 피지. 붙이기만 하면 블랙헤드를 쏙 빼 준다는 '전설의 코 팩'들을 다 섭렵하고, 스크럽제로 꼼꼼히 문질러도 보지만 모공은 점점 넓어지고, 어느 순간부터는 면봉으로 짜낼 수 있을 정도로 블랙헤드의 크기도 커진다. 코 위 넓어진 모공은 파운데이션으로도 가려지지 않는 분화구가 되어 외모 콤플렉스를 유발하기도 한다.

블랙헤드는 과도하게 만들어진 피지가 피부 노폐물이나 메이크업 잔여물과 합쳐진 뒤 산화되어 까맣게 변해 겉으로 보이는 것이다. 반면 모공 속에 들어 있어 보이지 않으면 화이트헤드라고 한다.

블랙헤드, 꼭 제거해야만 할까?

날씨가 더워지면 T존 부위의 피지 분비가 왕성해지고 모공도 넓어지는 걸 경험했을 것이다. 우리 얼굴에는 2만 개 정도의 모공이 있고, 모공에서는 피지가 만들어져 배출된다. 그런데 블랙헤드는 피지가 자연스럽게 배출되는 걸 막아 모공이 더 열심히 일하도록 만들고, 그 결과 화농성 여드름 같은 피부 트러블이 생기고 모공은 더 커진다. 따라서 블랙헤드는 제거해 주어야 한다.

모공 속 블랙헤드를 손으로 짜는 것은 금물이다. 잘못 짜면 덧나서 흉터가 생기고 모공은 더 늘어진다. 코에 팩을 붙여 피지 덩어리를 뽑아내는 코 팩을 많이 사용하는데, 일시적으로 깨끗해 보이는 효과는 있지만 블랙헤드로 인해 넓어진 모공은 다시 블랙헤드로 채워지기 때문에 코 팩만으로는 한계가 있다. 게다가 붙이고 떼어 내는 팩은 피부에 자극을 준다.

평소에 꾸준히 각질을 관리해서 피지가 원활하게 배출되도록 하는 것이 블랙헤드로 모공이 넓어지는 것을 막는 기본적인 방법이다. 각질 관리를 통해 피부가 주기적으로 재생되도록 해야 검버섯이나 주근깨 등 색소 침착도 예방할 수 있다. 날씨가 더워져 피지 분비가 늘어나고 블랙헤드가 생긴다면 클렌징을 전보다 더 꼼꼼하게 해 주어야 한다. 단순히 화장을 지우는 클렌징을 해 왔다면, 지금부터는 모공 속 과다한 피지 분비로 인해 발생하는 트러블을 케어하는 데 주력해야 한다.

첫째는 봄철 피부 상태에 맞게 피지와 블랙헤드를 제거할 수 있는 클렌저를 사용하는 것. 지성 피부는 파우더 타입의 클렌저를, 민감성 피부는 크림 타입의 클렌저를 사용하는 게 좋다.

둘째는 BHA 성분의 각질 제거제를 사용하는 걸 추천한다. 유기산 성분이 들어간 각질 제거제는 수용성인 AHA와 지용성인 BHA로 나뉜다. AHA는 피부의 묵은 각질층만 걷어 내는 반면, BHA는 모공 속으로 들어가 피지와 블랙헤드까지 제거한다.

셋째는 유·수분 밸런스를 지키는 것이다. 피지를 씻어 낸답시고 뽀드득 소리가 날 때까지 클렌징을 하면 유·수분 밸런스는 무너지고 피부 보호막이 망가진다.

TIP 진동 클렌저, 블랙헤드 제거에 좋을까?

브러시에 미세한 진동이 발생해 모공 속까지 청소해 준다는 진동 클렌저. 혼자 사는 사람들의 일상을 공개하는 예능 프로그램에 나와 이슈가 되기도 했다. 초미세먼지까지 닦아 낸다는 제품, 브러시만 바꾸면 마사지까지 해 주는 제품, 실리콘 브러시를 사용한 제품, 남성용 제품 등 다양한 종류가 출시되어 뷰티 필수 아이템으로 자리매김하고 있다.
진동 클렌저를 사용한 뒤 피부 상태를 검사한 결과, 손으로 세정한 것보다 피지가 깨끗이 제거되지만 피부가 미세하게 긁히고 붉게 변했다. 탄력도는 높게 나타났다. 그러므로 과다한 피지 분비로 블랙헤드가 심하다면 진동 클렌저가 도움이 될 수 있다. 반면 피부가 예민하고 건조한 경우, 또는 여드름성 피부거나 트러블이 심하다면 증상이 더 심해지니 주의해야 한다.

넷째는 일주일에 한 번 정도 딥 클렌징하고, 수분 팩으로 마무리하는 것. 블랙헤드가 제거되고 적절한 유·수분 밸런스가 유지되고 있다면 이제 수분 팩으로 피부에 보습력을 높여 피지 분비를 줄이고 피부 보호막을 강화해 탄력을 회복시켜야 모공이 정돈되는 효과를 볼 수 있다.

모공 케어로 빈틈없는 피부 만들기

날씨가 따뜻해지면서 코 위로 까맣게 올라오는 피지와 그 위로 송골송골 맺히는 땀은 너무도 민망한 조합. 부랴부랴 코 팩을 붙였다 떼고 나서 빨갛게 된 피부를 진정시키기 위해 얼음찜질까지 하지만 모공은 오히려 더 두드러져 보인다. 까만 피지는 줄었는데 어딘지 2% 부족해 보이는 피부. 해답은 바로 모공 케어에 있다. 분화구처럼 커진 모공을 줄이지 못하면 피지 분비가 더욱 왕성해지고 미세먼지며 노폐물이 엉겨 붙어 더 큰 블랙헤드를 만들게 된다. 아울러 코 팩을 한 뒤 딸기코가 된다면 당장 사용을 중단하라고 조언하고 싶다. 예뻐지려다가 더 큰 부작용을 낳을 수 있기 때문이다.

블랙헤드를 막고 싶다면 피부 온도에 신경을 쓰자. 피지가 적당한 양만큼만 생성되면 자연스럽게 모공 밖으로 흘러나와 피부 보호막을 형성하는 데 중요한 역할을 한다. 기온이 1도 올라갈 때마다 피지 분비량도 10%가량 더 늘어난다. 그러므로 여름이 되면 피지 케어에 신경을 써야 하는데, 대부분은 겨울철에 했던 것과 다를 바 없이 피부 케어를 한다. 이제부터는 더워진 날씨를 감안해 피부를 다르게 관리해야 한다. 무엇보다 피부 온도를 낮추는 게 중요하다. 그래야 모공이 확장되어 피지가 과도하게 생성되는 것을 막을 수 있다.

모공이 넓어지는 것은 나이와도 상관이 있다. 25세를 전후로 시작되는 피부 노화로 인해 진피층의 콜라겐이 감소하고 피부 탄력이 떨어지면서 모공이 느슨해지는 것이다. 외출하고 돌아오면 클렌징을 하고 스팀타월로 모공을 열어 주자. 그런 뒤 다시 꼼꼼하게 클렌징을 해서 모공 속에 남아 있는 메이크업 잔여물과 산화된 피지가 제거되도록 한다. 모공을 깨끗하게 청소했다면 이제 조여 주어야 한다. 바로 차가운 수건으로 찜질하는 것을 잊지 말자. 피부 탄력을 높여 늘어진 모공을 조이는 데 도움을 줄 수 있다.

모공 탄력 케어를 위해선 충분한 수분 섭취가 필수다. 특히 피부 온도가 올라갈 수밖에 없는 외출 시에는 피부 보습력을 높일 수 있도록 수분 케어 화장품을 챙겨 바르자. 메이크업 전에 제형이 다른 수분 화장품을 겹쳐 바르는 것도 하나의 방법이다. 기름종이로 유분을 제거하고 미스트를 충분히 뿌려 건조한 얼굴에 수분을 공급한 뒤 그 위에 수분크림을 바르고 나서 메

Dr. 강현영의 beauty comment

프락셀 vs 아토스 레이저

가수이자 수많은 뷰티 방송의 MC와 게스트로 활동하는 B양은 요정 같은 외모에 꿀 피부 종결자다. 그녀는 모공과 피부 탄력, 두 마리 토끼를 잡기 위해 우리 병원에서 아토스 레이저로 피부를 관리하고 있다.

과거에는 넓어진 모공을 축소하는 데 프락셀이라는 레이저를 많이 사용했다. 그러나 "회복 기간이 일주일이나 돼요?" "피부를 깎아 내서 아프다면서요?" "색소 침착 같은 부작용이 걱정돼요" 등의 이유로 선뜻 결정을 내리지 못하는 환자들도 있었다. 의사로서 민감성 피부에는 적극 추천할 수 없었던 게 사실.

반면 아토스 레이저는 피부 장벽을 손상시키지 않고 RF 고주파 열에너지를 진피층에 전달해 콜라겐 층을 복원시켜 피부 탄력을 높이는 것은 물론 모공 축소 효과까지 얻을 수 있다.

팁을 주자면, 단단한 코 모공에는 프락셀을, 민감한 볼 모공에는 아토스 레이저를 추천한다. 또한 피부 노화가 시작되는 25세를 기점으로, 피부 재생이 활발하게 이루어지는 25세 이전에는 프락셀이, 25세 이후에는 피부 장벽을 손상시키지 않는 아토스 레이저가 적합하다.

이크업을 해 주는 것.

　　모공 케어를 열심히 하고 모공을 가려 주는 메이크업 프라이머를 동원해도 큰 모공을 가리기에 역부족이라면, 피부과를 방문해 의학적인 힘을 빌리는 것도 나쁘지 않다. 피부에 쌓인 각질을 제거해 피부 재생을 돕고 진피층 콜라겐 생성을 촉진시켜 탄력을 높이는 시술 등이 모공을 줄여 주어 실크처럼 부드러운 피부 결을 만드는 데 도움이 된다.

엽록소의 보고, 해조류

03

클로렐라로 미세먼지 잡고, 피부 노화 잡고

미란다 커, 기네스 펠트로, 케이트 업튼, 제니퍼 로페즈, 빅토리아 베컴 등 할리우드 미녀 스타들의 파파라치 컷을 보면, 손에 그린 주스가 들려 있는 것을 종종 볼 수 있다. 젊음과 건강을 유지하기 위한 비법으로 그린 주스가 각광받고 있는 것이다.

미국 LA의 야외 시장인 파머스마켓은 농장주가 손수 기른 농작물을 내다 파는 곳으로 유명한데, 소비자가 신선한 채소와 과일을 고르면 즉석에서 녹즙을 만들어 주는 매장이 여성들에게 인기다. 이렇게 일반 젊은 여성들도 커피보다는 브로콜리와 시금치, 파슬리, 아스파라거스, 해조류 등을 섞어 만든 그린 주스를 즐겨 마신다. 그린 주스에 들어 있는 엽록소는 우리 몸을 노화시키는 활성산소를 억제하는 항산화 효과가 있다.

엽록소는 식물이 햇빛을 이용해 광합성을 할 때 필요한 물질. 시금치, 브로콜리 등의 녹색 채소에 풍부하게 함유되어 있는데, 그보다 월등히 많은 함유량으로 '엽록소의 제왕'으로 꼽히는 것이 바로 녹조류인 클로렐라다. 진한 초록색 클로렐라 가루를 물에 타면 해조류 같은 진녹색이 되고 마셔 보면 특유의 비릿한 냄새를 느낄 수 있는데, 이는 클로렐라가 민물에서 자라는 녹조류 플랑크톤의 일종이기 때문이다. 단백질과 탄수화물, 지방은 물론 섬유질과 비타민, 철분, 칼슘 등이 풍부한 클로렐라는 1960년대부터

NASA가 우주인의 식품으로 연구하면서 세상에 알려졌다.

요즘은 사계절 내내 미세먼지 없는 시기가 없지만 봄철에는 특히 미세먼지가 기승을 부리는데, 클로렐라는 미세먼지 속에 들어 있는 중금속과 1군 발암물질인 다이옥신이 우리 몸에 흡수되는 것을 막고 대변으로 배출시킨다는 연구 결과가 있다.(출처: 〈케모스피어저널〉, 2005)

엽록소는 피부에도 무척 좋다. 나이가 들수록 축 처지는 피부에 탄력을 더해 주는 것은 물론, 눈가와 입가 등에 생기는 주름을 개선해 준다. 클로렐라 속 양질의 단백질은 피부를 재생시키고 보호하는 효과가 있다. 또한 클

TIP 클로렐라를 활용한 요리 레시피

1. 클로렐라 해독 주스
몸속 독소 배출과 미세먼지 배출에 탁월하며 피부 노화를 늦추는 클로렐라 해독 주스 만드는 법을 소개한다.

재료: 당근 1/2개, 브로콜리 적당량, 토마토 1개, 양배추 적당량, 바나나 1개, 사과 1/2개, 클로렐라 가루
① 깨끗이 씻어서 적당한 크기로 썰어 놓은 당근, 브로콜리, 토마토, 양배추, 바나나, 사과를 믹서기에 간다.
② 컵에 옮겨 담고 클로렐라 가루를 1~2티스푼 정도 섞어 마신다.

2. 클로렐라 양파 수프
4월은 햇양파가 나오는 시기인 만큼 면역력을 높이는 클로렐라 양파 수프를 만들어 먹도록 한다.

재료: 양파 큰 것 1개, 버터 1큰술, 클로렐라 가루, 물 200㎖, 소금, 후추
① 양파를 잘게 썰어 버터 1큰술과 함께 캐러멜 색상이 될 때까지 충분히 볶아 준다.
② 물을 붓고 10분간 끓인다. 이때 소금과 후추로 간을 맞춘다.
③ 핸드믹서로 갈아 준 뒤 그릇에 담고 클로렐라 가루를 1~2티스푼 올리면 보기도 좋고 먹기도 좋은 클로렐라 양파 수프가 완성된다.

로렐라에는 비타민A, C, E가 풍부하게 함유되어 있다. 비타민A는 체내에서 레티놀이 되어 주름을 방지하고 피부 탄력을 개선하며 피부 톤을 밝게 한다. 아울러 비타민C는 멜라닌 색소 형성을 억제해 자외선으로 인해 생기는 기미나 주근깨를 예방하고 손상된 피부를 회복시키고 철분과 칼슘의 흡수율을 높인다. 비타민E는 흔히 말하는 토코페롤로, 노화의 원인인 활성산소를 제거하고 심장 질환과 혈관 질환을 예방한다. 이렇게 다양한 효능을 가진 덕분에 클로렐라는 토너, 로션, 세럼, 비비크림 등 화장품의 원료로도 많이 사용되고 있다.

클로렐라 가루는 다양하게 활용할 수 있다. 물에 타서 녹즙처럼 수시로 마시거나 물과 섞어 얼굴에 팩을 하면 피부를 탄력 있게 만들어 준다. 라면 같은 짠 음식을 먹을 때 클로렐라 가루를 뿌려서 먹으면 나트륨의 배출을 돕는다. 클로렐라를 활용한 클로렐라 라면, 클로렐라 김, 클로렐라 젤리 등도 시판되고 있다.

엽록소 풍부한 슈퍼푸드, 스피루리나

클로렐라만큼이나 슈퍼푸드로 각광받는 진한 청록색 해조류가 바로 스피루리나다. 지구에서 가장 오래된 해조류로 알려진 스피루리나는 열대 소금호수나 바다에서 자생한다. 단백질, 탄수화물, 미네랄, 지방산, 비타민 등 5대 영양소가 풍부한데, 공기 중의 질소를 저장해 단백질로 만드는 능력이 있어 60~70%가 단백질로 이루어져 있다. 그런데 칼로리는 낮아 체중 감소 보조 식품으로 인기가 높다. 스피루리나에는 면역력을 높이는 알파글루칸과 베타글루칸도 풍부하게 들어 있다. 그래서 스피루리나 역시 클로렐라와 함께 NASA가 우주 식량으로 지정한 바 있고, UN이 미래 식량으로 개발 중이다.

스피루리나를 짙은 녹색으로 보이게 하는 것은 피코시아닌, 클로로필, 카로티노이드 등의 광합성 색소이다. 이 성분들이 해독 작용을 해서 미세먼지와 황사, 중금속이 우리 몸에 들어와 쌓이는 것을 막고, 유해물질과 노폐물을 체외로 배출시키는 효과가 있다. 스피루리나 속 SOD(Superoxide Dismutase)와 카로티노이드 성분은 활성산소를 제거해 준다.

또한 스피루리나는 혈관 질환에 좋은 건강 보조제로 잘 알려져 있는데, 혈관 속에 쌓여 혈액 순환을 방해하는 LDL 콜레스테롤 수치를 낮추기 때문이다. 무엇보다 스피루리나에는 세포를 젊어지게 하는 핵산이 다량 들어 있어, 노화 방지 효과가 탁월하다. 농축 분말을 미숫가루나 바나나 간 것과 섞어 먹으면 피부 노화 방지에 좋다.

TIP 스피루리나 가루로 '슈렉 팩' 만들기

다시마, 미역, 스피루리나, 클로렐라 같은 해조류는 피부 온도를 낮추는 효과가 있다. 일명 '슈렉 팩'이라고도 불리는 스피루리나 팩은 피부를 맑게 하고 모공 속 노폐물을 배출하는 데 도움을 준다. 또 피부를 재생하고 탄력을 회복시켜 노화를 방지하는 효과를 주기도 한다.

재료: 스피루리나 가루, 플레인 요거트, 밀가루
① 플레인 요거트와 스피루리나 가루, 밀가루를 3:1:1 비율로 섞어 준다.
② 팔 안쪽에 패치 테스트한 뒤, 얼굴에 도톰히 펴 바른다.
③ 10분 뒤 미온수로 씻어 낸다.

May

#피부 타입

#발 관리

#히비스커스

01 내 피부 타입에 맞는 화장품 선택법

내 피부 타입 바로 알기

어느 집에나 하나씩은 다 있다는 뜻의 '국민'이라는 수식어가 화장품 업계에서도 한때 유행이었다. '국민 마스크팩', '국민 립밤', '국민 폼 클렌저' 등 인기 있는 제품은 '얼마나 좋기에?' 하는 호기심에 하나씩 사거나 친구들이나 동료들과 함께 공동 구매하기도 한다. 1분에 몇 개꼴로 팔려 나간다는 화장품 소식은 SNS나 미디어를 통해 빠르게 전해져 너도나도 선물로 하나씩 주고받는다. 피부 타입을 막론하고 말이다.

친구 중 하나는 사십 대 후반이 될 때까지 줄곧 자기가 지성 피부라고 믿고 오일 성분이 함유된 제품은 사용하지도 않았다. 오일 성분이 트러블을 일으키고 피부에 유분을 폭발시킨다고 믿었기 때문이다. 그런데 알고 보니 그녀는 복합성 피부였고 그동안 사용해 온 지성 피부용 화장품 때문에 U존 부위가 건조해져 각질이 일어나고 있었다.

솔직히 말해 '좋은 피부는 타고난다'는 것이 어느 정도는 사실이다. 그렇다고 "이번 생은 틀렸어"라며 피부 관리를 포기하라는 말이 아니다. 또 한 가지 변하지 않는 사실은, 누구나 피부는 25세를 기점으로 노화한다는 것이다. 자신의 몸이 어떤 상태인지 알고 관리하면 노화로 인한 질병으로부터 자신을 보호하고 건강한 삶을 살아갈 수 있는 것처럼, 자신의 피부가 어떤 타입인지 관심을 기울이고 거기에 맞는 화장품을 쓰며 계절에 맞게 관리하면 나이를 거스른 탱탱한 피부를 가질 수 있다.

앞에서 언급한 바 있는 간단한 피부 타입 체크 방법을 다시 한 번 소개한다. 일단 세안을 한 뒤 기초 화장품을 바르지 않은 상태로 3시간 정도 그대로 둔다. 시간이 지나면서 얼굴에 기름기가 올라오는 사람도 있고, 건조해서 땅기는 사람도 있다. 전자라면 지성 피부이고 후자라면 건성 피부다. 만약 T존 부위만 기름기가 올라와 번들거리고 U존은 땅기는 느낌이라면 복합성 피부다.

피부 타입은 피지가 얼마나 분비되느냐, 어떤 부위에 분비되느냐로 결정된다. 피지의 양이 적은 상태에서 많은 상태로 갈수록 건성, 복합성, 지성 피부가 되는 것이다.

건성 피부는 피부 표면이 건조해 세안을 하고 난 뒤 심하게 땅긴다. 표피가 매우 얇고 모공이 작으며 자글자글한 잔주름이 잘 생기고, 메이크업을 하면 들뜨기 쉽다. 보습 능력도 떨어지고 유분도 부족하기 때문에 피부에 유·수분 밸런스를 맞춰 주는 게 중요하다.

지성 피부는 왕성한 피지 분비로 인해 피부가 번들거리며 모공이 넓다. 피지가 적절히 관리되지 않으면 노폐물과 섞여서 모공을 막아 여드름이나 뾰루지 등 피부 트러블을 일으킨다. 따라서 피지 분비를 줄이고 각질을 제거하는 게 중요하다.

복합성 피부는 T존 부위는 피지 분비가 왕성해 번들거리고 U존은 건조해서 관리하기가 가장 까다롭다. 건성 피부와 지성 피부의 단점을 모두 가지고 있는 셈이다.

마지막으로 민감성 피부는 외부 자극이나 화장품 등에 민감하게 반응하는 경우로, 자신의 피부에 맞는 성분과 맞지 않는 성분에 대한 지식이 필수적으로 필요하다. 피부가 예민할 뿐만 아니라 표피도 얇기 때문에 피부를 자극하지 않고 건강하게 지키기 위해 각별히 신경 써야 한다.

모르고 쓰는 화장품 성분이 피부를 망친다

효과가 드라마틱하다는 소문에 큰맘 먹고 산 화장품. 그런데 그것 때문에 오히려 피부가 뒤집어졌던 경험이 한 번씩은 다 있을 것이다. 먹어도 될 정도로 좋은 성분만 들어 있다는데 왜 피부가 뒤집어진 것일까? 내 피부에 맞지 않는 성분이 있는지 꼼꼼하게 따져 보지 않았기 때문이다. 예컨대 건성 피부라서 가뭄에 논 갈라지듯 피부에 수분이 고갈되어 가는데 에탄올 성분이 들어 있는 화장품을 쓴다면 수분을 더욱 빼앗기게 된다. 또 농담 삼아 '얼굴에 유전 하나 있다'고 할 정도로 번들거리는 지성 피부인데 '요즘 뜨는 성분'이라는 광고 카피에 혹해 코코넛 오일이나 시어버터가 함유된 제품을 사용한다면 피지가 모공을 막아 트러블까지 유발한다.

화장품의 효능 성분에만 관심을 가졌던 예전과 달리, 요즘은 유해 성분에 대한 관심이 부쩍 커졌다. 화장품 성분 중 파라벤은 유해성에 대한 논란이 끊이지 않고 있다. 내분비 교란 물질이 들어 있어 점차 화장품에서 퇴출되는 분위기다. 또한 계면활성제는 수용성 성분과 지용성 성분을 잘 섞이게 해서 화장품을 만들 때 반드시 들어가는데, 피부에 자극을 주기 때문에 요즘은 소량만 첨가하는 추세다. 방부제 역시 천연 성분으로 대체되고 있다. 현재 합법적으로 유통되고 있는 화장품은 식약처가 정한 성분 기준 함유량을 넘어서지 않지만, 아무래도 유해성 논란 성분이 되도록 적게 들어간 제품을 골라 쓰는 것이 현명한 선택이라 할 수 있다.

내가 너무도 좋아하고 존경하는 요리 연구가로 방송에서 만날 때마다 푸근한 큰언니 같은 유머와 재치로 항상 분위기를 부드럽게 만들어 주시는 L선생님. 한 건강 프로그램에서 선생님이 사용 중인 화장품 성분을 체크했더니 스킨과 로션, 크림에 알코올과 6종의 파라벤 성분이 들어 있었다. 최근에는 무(無)파라벤이나 무(無)알코올 성분의 화장품도 다양하게 출시되고 있는 반면, 선생님이 써 온 제품은 십수 년 전부터 생산되어 온 화장품이다 보니 이러한 성분들이 그대로 들어가 있었던 것이다. 별 생각 없이 평소 써 오던 제품만 쓰고 있다면, 묻지도 따지지도 않고 광고나 상품평, 입소문만 듣고 화장품을 쓰고 있다면, 이제는 그 성분을 점검해 볼 때다.

방법은 어렵지 않다. 최근에는 화장품 성분 분석 앱도 잘 발달되어 있다. 이런 앱만 잘 이용해도 미국 환경시민단체 EWG, 식약처, 대한피부과의사회, 대한화장품협회 등의 데이터를 기준으로 성분을 분석하고, 지금 쓰고 있는 화장품이 내 피부 타입에 맞는지, 주의해야 할 성분이나 알레르기 유발 성분은 없는지 등을 쉽게 알아볼 수 있다.

피부는 pH 5.5를 원한다

아내는 귀동냥으로 들은 바가 있어 약산성 클렌저를 골라 쓰면서, 남편이나 아이들은 고체 형태의 일반 비누를 사용하게 하는 경우를 심심치 않게 본다. 일반 고체 비누는 pH 지수 9~11 정도의 알칼리성을 띠고 있다. 알칼리성 제품은 뽀드득 소리가 날 정도로 개운하게 세안할 수 있지만, 피지막도 같이 제거되어 피부가 건조해진다. 비누를 사용한 뒤 피부가 가려운 경우가 있는데, 바로 이 때문이다.

사람의 피부는 pH 5.5로 약산성일 때 가장 건강하다. 따라서 비누뿐 아니라 화장품을 선택할 때는 항상 pH 지수가 피부와 비슷한 5~6.5 정도, 즉 중성에서 약산성 사이인지 확인해야 한다. pH 지수는 7보다 높으면 알칼리성, 낮으면 산성으로 구분한다. pH 밸런스가 무너져 알칼리성이 될수록 피부 내 활성산소가 증가한다. 사과를 반쪽으로 잘라 놓으면 갈변하는 것은 활성산소 때문인데, 이처럼 우리 몸에서도 활성산소가 세포를 손상시켜 노화를 촉진한다.

알칼리성 세안 비누, 알칼리성 화장품을 사용해 피부가 알칼리화되면 모낭충이 살기에 더할 나위 없이 좋은 환경이 만들어진다. 모낭충은 모공 속에 살며 피부 속 콜라겐과 엘라스틴을 먹어치워 모공을 더욱 크게 만든다. 이런 모낭충이 가장 싫어하는 환경이 산성 피부다. 그렇다고 pH 지수가 약산성을 넘어 산성에 가까운 제품을 사용하면, 피부는 지나치게 자극을 받아 붉어지고 민감해진다.

피부 타입별로 피해야 할 성분을 확인하자

화장품 성분 목록을 살펴볼 때, 앞쪽에 위치한 것일수록 많은 양이 함유되어 있다는 뜻이다.

건성 피부에게 알코올 성분은 최악이다. 건성 피부라면 화장품을 고를 때 알코올, 클레이, 멘톨, 페퍼민트가 함유되지 않았는지 확인해야 한다. 알코올과 클레이는 피지를 흡착하는 성분이 들어 있어서 건조한 피부를 더욱 건조하게 만든다. 멘톨이나 페퍼민트는 청량감을 주어 피부를 시원하게 하지만 건성 피부에는 자극이 될 수 있다.

지성 피부라면 유분과 모공 관리에 특히 신경을 써야 한다. 따라서 트리글리세라이드, 팔미틱애씨드, 스테아릭애씨드, 미리스틱애씨드, 옥시벤존, 코코넛 오일, 시어버터 성분을 피해 화장품을 골라야 한다. 트리글리세라이드, 팔미틱애씨드, 스테아릭애씨드, 미리스틱애씨드 등은 모공을 막고, 옥시벤존은 화학적 자외선 차단제 성분으로 지성 피부에 자극을 준다. 코코넛 오일이나 시어버터는 건성 피부용 화장품 성분으로는 괜찮지만, 지성 피부의 경우에는 피부에 막을 만들어서 모공을 막기 때문에 여드름을 유발한다.

 나는 건성과 지성의 단점을 모두 가진 복합성 피부라서 건조한 U존과 번들번들한 T존에 각각 신경을 써야 한다. 화장품을 고를 때도 건성과 지성이 피해야 할 성분을 모두 주의해서 선택해야 한다. U존을 더욱 건조하게

TIP 내 피부에 맞는 성분 vs 주의 성분

피부 타입	좋은 성분	주의 성분
지성 피부	글리콜산, 살리실산, 난 옥시놀−9, 클로로필, 녹차 추출물, 위치하젤 추출물, 레몬 추출물, 캄파, 멘톨, 알란토인, 티트리, 감초, 징크옥사이드, 칼렌듈라 추출물, 트리클로잔, 티타늄디옥사이드	트리글리세라이드, 팔미틱애씨드, 스테아릭애씨드, 미리스틱애씨드, 코코넛 오일, 시어버터, 바세린, 옥시벤존, 메톡시신나메이트
건성 피부	히알루론산, 글리세린, 프로필렌글라이콜, 부틸렌글라이콜, 소디움 PCA, 비타민E, 비타민A, 비타민C, 콜라겐, 엘라스틴, 아보카도 오일, 이브닝프림로즈 오일, 오트밀 단백질, 콩 추출물, 캐모마일 추출물, 오이 추출물, 복숭아 추출물, 해조 추출물, 상백피 추출물, 코직산, 알부틴, 포도씨 추출물, 베타카로틴, 파일워트 추출물, 비타민B 복합체, 판테놀, 시어버터	알코올, 클레이, 계면활성제, 멘톨, 페퍼민트
민감성 피부	비타민K, 비타민P, 호스트체스트넛 추출물, 캐모마일 추출물, 콘플라워 추출물, 해조 추출물, 알로에, 알란토인, 티타늄디옥사이드	알코올, 계면활성제, 멘톨, 페퍼민트, 유칼립투스, 아로마 오일, AHA, BHA, 오렌지, 딸기, 레몬, 레티놀, 옥시벤존, 메톡시신나메이트, 그 밖에 자신의 피부에 맞지 않는 알레르기 물질 등

(출처: 대한피부과의사회)

만드는 알코올, 클레이, 멘톨, 페퍼민트, T존의 모공을 막아 여드름을 유발하는 트리글리세라이드, 팔미틱애씨드, 스테아릭애씨드, 미리스틱애씨드는 피하고, 시어버터와 코코넛 오일은 피부를 더 기름지게 하니 U존 부위에만 바른다. 옥시벤존 성분이 없는지도 꼭 확인한다.

민감성 피부는 쉽게 자극을 받아 유·수분 밸런스가 무너질 수 있기 때문에 화장품 사용을 최소화하는 것이 좋다. 멘톨이나 페퍼민트같이 청량감을 주는 성분은 자극을 주므로 반드시 피해야 한다. 각질 제거 성분인 AHA와 BHA도 민감성 피부에는 자극이 된다.

문제성 피부를 위한 더마코스메틱

화농성 여드름이나 아토피 등 피부 질환으로 인해 치료를 받거나 민감성 피부라서 시판 중인 화장품을 사용하기 조심스럽다면, 약국 전용 기능성 화장품을 사용하는 것이 도움이 된다. 이렇듯 문제성 피부에 도움을 주고자 만들어진 화장품을 가리켜 '더마코스메틱'이라고 하는데, '피부과학'이란 뜻의 더마톨로지(Dermatology)와 코스메틱(Cosmetic)의 합성어다.

프랑스 여성들은 평소에 늘 피부과를 드나들며 전문의와 피부 관리법, 피부 타입에 맞는 화장품에 대한 이야기를 나누고, 전문의의 조언에 따라 화장품을 선택한다. 따라서 더마코스메틱이 매우 발달되어 있어, 우리나라 여성들 사이에 프랑스를 여행할 때 약국에서 꼭 구입해야 할 더마코스메틱 목록이 있을 정도다. 아벤느, 유리아쥬, 바이오더마, 달팡, 비쉬, 라로슈포제 등 프랑스 더마코스메틱 브랜드는 우리나라에서도 인기다.

더마코스메틱은 유해성 논란이 그치지 않는 파라벤이나, 건성 피부에 독인 알코올, 그리고 대부분의 화장품에 함유된 향료와 색소, 계면활성제 등 피부에 자극을 주고 트러블을 일으킬 수 있는 성분이 들어 있지 않다는 것이 장점이다. 또한 의약품으로 분류된 성분이 들어 있어 문제성 피부 개선 효과가 높다.

　피지 분비가 많아 기름기로 얼굴이 번들거리고 트러블이 올라오는 화농성 여드름 피부라면, 항염 작용을 하는 살리실산이 함유된 클렌저로 각질을 제거하고, 피부에 자극을 주는 알코올 성분이 함유된 토너는 피한다. 파

 피부 타입별 똑똑한 셀프 케어 방법

1. 건성 피부라면 7스킨법
건성 피부는 수분에 목마르다. 단 한 번 스킨을 피부에 바르는 것만으로는 피부 보습력을 높이기 역부족이다. 이럴 때는 피부 속까지 수분이 차곡차곡 들어차도록 시간과 노력을 들여야 한다. 7스킨법은 내 피부에 맞는 순한 스킨을 선택해 화장솜과 손으로 일곱 번 겹쳐 바르는 것이 핵심이다. 피부에 수분이 차오르면 탄력도 높아지고 주름 걱정도 덜 수 있다. 두 번째 겹쳐 바를 때부터는 손으로 톡톡 두드려 흡수력을 높여 준다.

2. 지성 피부라면 물 팩
화장솜을 생수에 적셔 10분 정도 얼굴에 올려놓기만 하면 끝이다. 피지 분비가 왕성한 지성 피부는 유분을 잡는 게 중요하다. 우리 몸에 수분이 부족하면 피부 방어막을 유지하기 위해 피지선이 계속 유분을 분비한다. 따라서 물 팩으로 수분만 적절히 공급해도 기름이 번들거리고 여드름과 뾰루지가 올라오던 부위의 유분을 잡을 수 있다. 유·수분 밸런스를 맞춰 주고 탄력을 증가시키는 효과가 있다.

3. 복합성 피부라면 라이스페이퍼 팩
쌀은 미백과 보습은 물론 세정 효과도 뛰어나 쌀뜨물로 세안을 하면 얼굴이 뽀얗게 되는 효과가 있다. 월남쌈을 할 때 사용하는 라이스페이퍼로 동일한 효과를 볼 수 있다. 라이스페이퍼를 얼굴에 맞게 조각내어 사용한다. 얼굴 전체의 유·수분 밸런스를 맞춰 주는 것이 중요하기 때문에 먼저 건조한 부위인 눈가에 아이크림을, U존 부위에 에센스를 발라 준 뒤 물에 적셔 부드러워진 라이스페이퍼를 얼굴 위에 붙인다. 팩의 수분이 마르기 시작하면 떼어 낸다.

라벤, 미네랄 오일, 벤조페논, 트리에탄올아민 등의 성분은 여드름을 오히려 악화시킨다. 대신 세라마이드 성분이 들어 있는 제품을 사용해 여드름으로 인해 끊임없이 손상되는 피부 장벽을 복원하는 데 신경을 써야 한다.

아토피 피부는 알칼리성 클렌저로 싹싹 씻어 내면 좋다고 생각하지만, 그런 방식은 오히려 피부 보호막을 손상시켜 상태를 더욱 악화시키기 때문에 약산성 클렌저를 사용하는 것이 좋다. 또한 화장품을 선택할 때 에탄올을 포함한 알코올 성분이나 인공향, 색소 등은 피부에 자극을 주기 때문에 피해야 하며, AHA나 BHA 등 각질 제거 성분이 들어 있는 화장품도 사용하지 않는 게 좋다. 이 경우에는 EGF 등 피부 재생을 돕는 성분이 들어 있는 제품이 피부 장벽을 보호하는 데 도움이 된다.

여름에도 피부가 땅기고 각질이 생기는 악건성 피부라면 피부 보습력을 지키는 것이 가장 중요하므로 클렌징 제품은 약산성 제품을 선택하도록 한다. 또한 토너는 알코올이나 파라벤이 들어 있는 것은 피하고, 히알루론산, 세라마이드 같은 자연 보습 성분이 함유된 것을 선택한다.

깔끔한 인상을 망치는 발 각질

5월은 피부 노출이 점차 많아지는 계절이다. 아침저녁으로는 여전히 날씨가 쌀쌀해 얇은 리넨 재킷을 입기도 하지만 기온이 올라가는 낮이면 재킷을 벗고 반팔 차림이 된다. 치마나 바지 길이도 짧아져 종아리와 복숭아뼈가 시원하게 드러나고, 양말이나 스타킹 속에 꼭꼭 숨겨 두었던 발도 슬슬 노출을 시작한다.

봄 패션에서 뮬이 빠질 수 없다. 앞부분은 막히고 뒤는 뻥 뚫려 있는 뮬은 대중적인 패션 아이템이 된 지 오래다. 뮬 스니커즈부터 뮬 블로퍼까지 그 종류도 가지각색이다. 그런데 비싼 돈 들여 산 명품 뮬 블로퍼를 하루아침에 재래시장표 슬리퍼만도 못하게 만드는 것이 있으니, 바로 발뒤꿈치의 굳은살과 허연 각질이다. 제아무리 희고 매끈한 피부에 날씬한 몸매를 지닌 미인이라도 복숭아뼈와 발뒤꿈치에 허연 각질과 딱딱한 굳은살이 보이는 순간 아름답다는 인상이 싹 사라진다.

늘씬한 각선미와 매력적인 워킹을 위해 평소 하이힐을 즐겨 신는다면 발은 더욱 혹사당한다. 하이힐 속에 숨겨진 각질과 굳은살, 티눈 생긴 발로 인해 피부과를 찾는 여성들이 많다. 화려한 페디큐어로도 감출 수 없는 고민거리가 된 것이다. 그들은 친구들이나 지인들과 여행을 가서 편한 잠옷으로 갈아입고 수다를 떠는 파자마 타임에도 발을 감추기 바쁘다고 하소연한다.

또한 요즘은 깡마른 수수깡 몸매보다는 적당한 볼륨감을 지니고 있어야 몸매가 아름답다는 소리를 듣는다. 가슴, 허리, 힙으로 이어지는 S라인 못지않게 볼륨감이 살아 있는 다리 각선미가 대세다. 탄탄한 허벅지와 긴 종아리, 가는 발목이 '꿀' 조합을 이루는 다리 각선미를 위해 병원을 찾는 사람들도 많다. 하지만 아무리 다리를 매끈하게 가꾼다고 할지라도, 그 아래로 각질로 허예진 복숭아뼈, 굳은살로 두꺼워진 발뒤꿈치가 드러난다면 매력이 반감되고 말 것이다. 어디서든 기죽지 않는 매력적인 각선미와 깔끔한 맨발을 드러낼 수 있는 다리 미인은, 이제 여성들의 로망이 되어 버렸다.

Dr. 강현영의
beauty
comment

발목이 얇아지는 시술도 있나요?

연예인을 대상으로 하는 메이크오버 쇼에서 만난 배우 A씨. 우아한 미모로 시청자들에게 각인되어 있지만, 사실 그녀는 발목과 종아리가 두꺼워 짧은 치마는 엄두도 내지 못한 채 늘 긴 치마만 고집해야 했다. 검사 결과, 혈액순환 장애로 인해 생긴 부종이 하체 비만으로 이어진 것. 고주파와 메디컬 림프 드레인으로 부종을 해결하고 지방세포를 파괴해 날씬한 다리를 회복할 수 있었다.

종아리가 두껍다고 무턱대고 종아리 퇴축술을 받았다가, 종아리는 얇아졌는데 발목은 두꺼워 통나무 같은 일자 다리가 되어 버리기도 한다. 요즘 여성들은 무조건 날씬한 다리보다는 볼륨이 살아 있는 각선미를 원한다. 볼륨 있는 각선미의 비율은 허벅지, 종아리, 발목 굵기가 각각 5:3:2의 비율을 이루는 것.

많은 사람들이 내게 두꺼운 발목을 좀 줄일 수 없는지 묻곤 한다. 발목은 지방 흡입도 불가한 예민한 부위이다. 하지만 방법이 없는 것은 아니다. 메디컬 림프 드레인과 심부열 고주파 시술을 통해 발목의 부종과 염증을 제거하고 지방세포를 파괴해 배출시켜 주는 유스키니 같은 복합 시술을 고려해 볼 만하다.

각질과 굳은살을 만드는 하이힐

유독 발에 허연 각질과 두꺼운 굳은살과 티눈이 잘 생기는 이유는 무엇일까? 각질은 역할을 다한 피부 보호막이다. 따라서 재생 주기에 따라 떨어져 나가야 하지만 여러 가지 자극과 마찰이 있으면 피부를 보호하기 위해 더 두꺼워지고, 수분과 영양이 공급되지 않으면 딱딱해지고 갈라지기까지 한다. 굳은살은 복숭아뼈나 발뒤꿈치 피부가 압력과 자극을 받아 두꺼워진 것이다. 티눈 역시 압력과 자극으로 인해 생기며 주로 발가락 관절처럼 뼈대가 있는 부위에 생긴다.

우리 몸의 혈액은 심장에서 뿜어져 나와 온몸의 말초 혈관까지 흐르게 된다. 발은 심장과 가장 먼 곳에 있는 만큼 신체 부위 중에서 혈액 순환이 가장 더뎌서 피부가 거칠고 각질이 잘 생긴다. 게다가 발뒤꿈치는 피지선이 없어 더 건조해지기 쉬운데, 나이가 들수록 피부 재생 주기도 길어지고 피부 보습력도 떨어져 각질이 더 쉽게 쌓인다. 또한 발은 체중을 지탱하는 신체 부위로 우리가 걸을 때마다 바닥과 닿을 때 생기는 마찰로 인해 각질이 쉽게 만들어진다. 따라서 장시간 서서 일하거나 많이 걷는 직업을 가졌다면 각질은 더욱 두껍게 쌓일 수밖에 없다.

하이힐을 자주 신는 습관은 굳은살을 만드는 주된 원인이다. 하이힐처럼 폭이 좁고 뒤꿈치가 높은 신발은 마찰로 인한 자극을 더욱 강하게 만든다. 여성이라면 하이힐을 신고 다니다가 발목 뒤쪽과 새끼발가락 바깥 부위의 살갗이 신발과의 마찰로 인해 벗겨진 경험이 있을 것이다. 마찰이 생기면 발은 자꾸 살이 부딪히는 부위의 피부를 두껍게 만들어 피부를 보호하는데, 이것이 바로 굳은살이나 티눈이다. 굳은살과 티눈을 없애지 않으면 마찰은 더욱 강해져서 걸음걸이가 변형되고, 심하면 척추뼈의 균형이 틀어져 무릎이나 허리 통증까지 유발할 수 있다.

각질 관리는 충분한 보습으로

사우나나 목욕탕에서 각질제거용 돌이나 때수건으로 발뒤꿈치를 박박 문지르는 여성들과 흔히 마주친다. 각질을 물리적으로 벗겨 내면 일시적으로 깨끗하고 부드러워지는 것 같지만, 강한 자극이 장기적으로는 각질을 더 악화시킨다. 또한 각질이나 굳은살을 손톱깎이나 눈썹칼로 긁어내는 것은 상처와 세균 감염의 위험이 크다. 그보다는 따뜻한 물에 발을 담가 각질을 충분히 불린 뒤 발가락 사이사이까지 꼼꼼하게 스크럽해 주는 것이 효과적이다. 스크럽제는 꼭 구입하지 않아도 된다. 집에 있는 흑설탕이 훌륭한 스크럽제가 되기 때문이다. 스크럽 후에는 반드시 보습제를 듬뿍 바르고 비닐 등으로 감싸 보습 성분이 잘 흡수될 수 있도록 한다.

또한 따뜻한 날씨에 앞이 막힌 뮬을 즐겨 신는다면 맨발에 땀이 차서 발 냄새가 날 수밖에 없다. 땀이 세균과 각질층을 분해하면서 이소발레릭산이라는 균이 증식하기 때문이다. 이처럼 밀폐된 신발을 맨발로 신으면 세균 번식의 위험이 크다. 이때는 미온수에 굵은소금 한 큰술이나 레몬을 넣고 족욕을 한다. 소금은 항염 효과가 있으며 독소를 배출시키고 혈액 순환을 돕는다.

요즘은 발 전용 세정 제품과 스크럽제, 족욕제, 보습제, 쿨링 효과를 주는 스프레이 등 발 관리를 위한 다양한 제품이 출시되어 있다. 허브를 첨가해 발에 붙이면 긴장을 완화해 주는 제품이 큰 인기를 끌기도 했다. 자신에게 맞는 제품을 찾아 발 관리에 신경을 쓴다면 각질을 효과적으로 제거하는 데 도움이 될 것이다.

발톱 무좀, 방치하지 마세요!

뮬이나 하이힐 등을 즐겨 신다 보면 발 앞부분에 바람이 통하지 않는다. 그래서 간혹 발톱 색이 변하고 두꺼워지기도 하는데, 이때에는 발톱 무좀을 의심해 봐야 한다. 무좀은 남성 환자가 많은 반면, 발톱 무좀은 여성 환자가 더 많다. 발톱 무좀은 곰팡이 균이 피부의 각질층에 침입해 발병하며, 발톱이 부스러지거나 변색되고, 방치하면 발톱이 빠지기도 한다. 발톱 무좀이 생기면 무조건 양말과 신발로 가리고 발을 숨기기 바쁜데, 그러다 보면 악순환이 계속된다. 폐쇄된 공간에서 무좀 균은 더욱 쉽게 증식하기 때문이다. 무엇보다 전염성이 강해 가족들도 발톱 무좀에 감염될 수 있으니 하루라도 빨리 치료를 받는 게 좋다.

깨끗이 닦기만 해서 해결될 문제가 아니다. 식초나 빙초산 등 민간요법으로 해결하려다간 오히려 화상을 입거나 피부염이 생길 수 있다. 발톱 속 곰팡이 균을 제거하는 레이저 치료, 바르는 약과 먹는 약을 병행해야 하며, 완치되기까지 짧게는 6개월에서 길게는 1년이 걸린다. 치료를 위해서는 하이힐이나 앞이 꽉 막힌 신발보다는 바람이 잘 통하는 신발을 신는 게 좋다.

아울러 내향성 발톱이라면 스트링을 이용한 교정 치료를 받아 발톱이 정상적으로 자라도록 해야 한다. 무좀이나 발톱 무좀이 있으면 내향성 발톱 질환이 생길 수 있으니, 무좀 치료부터 받기를 권한다.

03 예뻐지는 차, 히비스커스

피부 항산화와 다이어트에 좋은 히비스커스

몸 구석구석에 붙은 군살이 눈에 거슬리기 시작하는 시기, 봄이 왔다. 겨우내 입었던 두꺼운 외투를 벗고 얇은 옷을 걸쳤는데 결코 발걸음이 가볍지 않은 것은, 등에 살이 붙고 팔뚝도 굵어져 라인이 살지 않기 때문이다. 배와 엉덩이, 허벅지에 늘어난 군살 때문에 옷맵시가 살지 않는다면, 다시 두툼한 외투로 가리고 싶은 심정이 될 것이다. 지난해까지는 55사이즈를 유지했는데, 이제 66사이즈도 작을까 봐 두려움에 떨게 된다. 초봄부터 다이어트에 들어갔어야 했나 하는 생각도 들고 후회막심이겠지만, 늦었다고 생각되더라도 결코 포기해서는 안 되는 것 중 하나가 바로 다이어트다. 지금부터라도 하면 된다.

그런데 다이어트만 하면 얼굴 살부터 빠지고 몸매는 바람 빠진 풍선처럼 처져 더 늙어 보일까 봐 고민이라는 여성들이 많다. 실제로 과도한 다이어트와 무리한 운동은 노화를 촉진한다. 그 과정에서 활성산소가 많이 만들어지기 때문이다. 이런 고민을 가진 여성들에게 꼭 추천하고 싶은 식품이 있다. 몸매를 날씬하게 가꿔 주는 것은 물론 항산화 효과가 있어 노화 방지에도 좋아 다이어트와 피부 안티에이징이라는 두 마리 토끼를 잡을 수 있는 식품, 바로 히비스커스다.

이집트는 예로부터 차 문화가 발달했다. 이슬람 문화에서는 술이 금기시

되었기 때문에, 술 대신 차 문화가 발달한 것이다. 600여년 전 세워진 이집트 공주의 집은 지금도 차를 마시는 카페로 이용되고 있다. 최근에는 우리나라 여성들 사이에서도 건강과 아름다움을 모두 잡을 수 있는 천연 꽃차와 허브차가 인기를 끌고 있다. 그중에서도 '예뻐지는 차'로 즐기는 것이 바로 히비스커스다.

한 건강 다큐에 출연한 미스코리아 A양. 그녀는 히비스커스 차를 즐겨 먹는 이집트로 촬영을 떠나기 전, 우리 병원에서 피부 측정을 했다. 두 번의 출산으로 피부 탄력이 많이 떨어져 주름이 생기기 시작한 상태. 피부에 색소도 침착되고 기미, 주근깨도 많았다. 그런데 일주일간 히비스커스 차를 마신 뒤 피부가 탄력을 되찾고 주름도 완화됐으며 피부가 밝고 환해졌다. 무엇보다 피부 나이가 두 살 줄어들었으니 히비스커스의 효과를 톡톡히 본 것이다. 물론 히비스커스를 섭취했다고 해도 사람마다 효과는 다르게 나타난다. 확실한 것은 히비스커스에 피부 노화를 막고 체중 관리에 효과적인 성분이 들어 있다는 것.

히비스커스는 무궁화속에 속하는 식물의 총칭이다. 이집트 미의 여신 '히비스'를 닮았다 하여 '히비스커스'라는 이름이 붙었다. 예로부터 피부와 몸매 관리에 좋다고 알려져 있어, 클레오파트라를 비롯한 이집트 미녀들이 차로 즐겨 마셨으며 '미인들의 꽃'이라고도 불린다. 요즘은 연예인들이 디톡스를 위해 히비스커스 차를 가지고 다니며 마시는 모습이 미디어에 비춰진 뒤 더욱 스포트라이트를 받고 있다.

딸기, 블루베리, 아로니아, 마키베리, 아사이베리 등 베리류와 석류, 포도 등에 들어 있는 안토시아닌. 히비스커스에는 이 안토시아닌 성분이 듬뿍 들어 있는데, 100g당 블루베리의 약 4배, 마키베리의 약 30배가 들어 있다.[출처: 미국농무부(USDA)] 미세먼지가 기승을 부리는 봄철, 안토시아닌은 미세먼지로 인해 생기는 활성산소를 억제해 질병과 노화를 막는다.

우리나라를 비롯한 동양 각국에서 무궁화의 꽃과 잎, 열매, 뿌리, 줄기가 모두 귀한 약재로 쓰였던 것처럼, 아프리카에서는 기원전 4000년부터 히비스커스가 다양한 약재로 활용되었다. 붉은색 히비스커스 꽃은 항산화에 도움을 주는 안토시아닌과 피부 미용을 위해서라면 늘 섭취해야 하는 비타민C가 들어 있어서 물에 우려 마시면 신맛이 난다.

히비스커스는 다이어트에도 좋다. 탄수화물이 지방으로 전환될 때 필요한 효소의 활성을 억제하고 지방을 배출하는 효과를 지닌 HCA, 즉 하이드록시시트릭산(Hydroxycitric Acid)이 100g당 많게는 23g까지 들어 있기 때문이다. 히비스커스에는 HCA 외에도 히비스커스산, 카테킨, 갈산 등 식약처가 인증한 다이어트 성분이 함유되어 있다. 또한 칼륨이 들어 있어 나트륨 배출에 효과적이며, 구연산이 풍부해 부종을 해소하고 신장 질환의 원인이 되는 요산을 배출하도록 돕는다. 히비스커스가 콜레스테롤을 낮추고 중성지방 합성을 막아 혈관 질환과 고혈압, 고지혈증 예방에 효과가 있다는 연구 결과도 있다.

히비스커스는 분말을 물에 타서 섭취하는 것이 가장 효과적이다. 꽃잎을 차로 우려 마시거나 음식에 활용할 때는 유기농으로 재배된 히비스커스를 선택하는 게 좋다.

June

6월

#제모
#두피 케어
#애플페논

01

여름철 '겨드랑이 미인'으로 거듭나기

#제모

제모에 신경 쓰이는 계절이 왔다

여름이 다가오면 노출이 많아지는 만큼, 삐죽삐죽 올라오는 털들이 여간 신경 쓰이는 게 아니다. 출근길 지하철 안에서 반팔 블라우스를 입은 채 팔을 뻗어 손잡이를 잡았는데, 겨드랑이 털을 제모하지 않았다는 사실이 문득 생각난다면 슬금슬금 팔이 움츠러든다. 날씨가 더운 날 무심코 핫팬츠를 꺼내 입고 나왔는데 종아리에 거뭇거뭇한 털이 보인다면 다시 집에 들

Dr. 강현영의 beauty comment

겨드랑이 아래 숨은 또 다른 가슴, 부유방

민소매 옷을 입으면 유독 겨드랑이 아래로 볼록 튀어나온 살이 강조되는 탓에, 본격적인 여름을 앞둔 6월이면 겨드랑이 살로 인해 피부과를 찾는 환자들이 늘어난다. 아무리 운동을 해도 잘 빠지지 않을 뿐 아니라, 생리 때만 되면 붓고 아프다. 그런데 이것이 단순한 겨드랑이 살이 아니라 부유방일 경우가 있다. 부유방은 정상적인 가슴 이외 다른 신체 부분에 발달한 또 다른 유방 조직을 일컫는데, 주로 겨드랑이 아래 생기는 경우가 많다. 과거에 부유방은 수술로 유선을 제거했지만, 요즘은 최소 절개 수술이나 지방 분해 주사, 심부열 고주파 레이저 등 비수술적 방법으로 제거하는 추세다.

어가고 싶어진다. 이처럼 털에 신경 쓰지 않으면 '털털한' 여자가 되는 것은 한순간이다. '털이 많아야 미인'이라는 속설도 있지만, 그저 속설일 뿐. 아무리 예뻐도 겨드랑이 사이로 수북한 털이 보이거나 다리에 까만 털이 숭숭 나 있으면 다가가기 어려운 게 사실이다.

요즘은 여성뿐 아니라 남성들도 제모에 관심이 많다. 여름철 반바지를 입기 위해 다리털을 제거하는 남성들도 있다. 모 예능 프로그램에 출연하는 방송인 C씨는 겨드랑이뿐 아니라 눈썹 밑, 이마 라인을 정리하는 왁싱을 체험하며, 남성들 사이에서도 왁싱이 확산되고 있음을 보여 주었다. 이처럼 남녀를 불문하고 매끈해야 할 피부를 덮고 있는 검은 털은 반갑지 않은 존재다.

집에서 할 수 있는 제모 방법은 족집게로 뽑는 고전적인 방식부터 여성용 면도기로 털을 미는 것, 제모크림이나 왁스를 발라 굳으면 떼어 내는 것까지 다양하다.

셀프 제모 잘못하다 모낭염 위험

족집게로 하나하나 뽑으면 모근까지 뽑혀 털이 깨끗이 제거되는 것 같긴 하지만, 시간이 많이 걸리고 통증도 심하다. 또한 모근이 빠져나온 자리에 세균이 침투해 모낭염이나 홍반, 색소 침착이 생길 위험이 크다. 족집게로 털을 잡아당기는 것이 반복되면 살이 탄력을 잃고 처질 수 있다. 여름철에는 세균 감염의 위험도 크기 때문에 자칫하다가는 모낭염으로 고통받을 수 있다. 겨드랑이의 경우 모낭염이 생기면 냄새가 나기도 한다.

가장 간편하면서도 흔히 사용하는 방법은 매일 샤워하며 다리와 겨드랑이에 난 털을 면도기로 쓱쓱 미는 것이다. 그러나 날카로운 칼날이 피부에 자극을 주고 살을 벨 위험이 있다. 제모크림을 발라서 되도록 면도기가 살에 직접 닿지 않도록 해야 피부 자극을 줄일 수 있다. 또한 면도기를 주로 욕실에 두고 사용하는데 욕실은 아무리 깨끗이 관리해도 세균의 온상이다. 따라서 세균이 감염된 면도기를 사용하다가 피부 트러블이 생길 수 있다. 바쁘다고 물기 없는 상태에서 맨살에 제모를 하는 것은 더더욱 피해야 한다. 털은 수분이 있어야 부드러워져 제거하기 쉬운 상태가 되는데, 건조한 맨살에 제모를 하면 피부 각질층에 지나친 자극을 주기 때문이다.

그다음으로 많이 사용하는 방법이 왁스를 이용한 제모다. 시중에 간편하게 사용할 수 있는 일회용 왁싱 스트립 제품들이 많이 나와 있다. 제모 왁스를 액체 상태로 녹여 만든 것으로, 종아리나 팔 등 제모할 부위에 붙이고 왁스가 어느 정도 말랐을 때 떼어 내는 방식이다. 한 번 왁싱 제모를 하면 3~4주 정도는 털 없는 상태를 유지할 수 있다는 장점이 있다. 그러나 왁스를 떼어 낼 때 피부에 강한 자극을 주어 통증이 심할 뿐 아니라, 끈적끈적한 왁스가 모공을 막아 피부 트러블을 일으킬 수 있다. 물이나 비누로는 왁스를 깨끗이 제거할 수 없으므로 오일 클렌저를 사용해 녹여 내야 한다. 또한 데워서 사용하는 왁싱 제품은 화상의 위험이 있으므로 피부에 붙이기 전

TIP 피부 속으로 자라는 털 '인그로운 헤어'

각질층을 뚫고 나오지 못한 채 피부 속으로 자라는 털을 '인그로운 헤어'라고 한다. 제모 후에 새로운 각질층이 생성되면서 털이 피부 속에 갇힌 채 자라는 것이다. 그냥 두면 피부가 뾰루지처럼 빨갛게 올라온다. 이때 흔히 인그로운 헤어용 뾰족한 핀셋을 사용해 끄집어내는데, 핀셋을 잘 소독해 사용하지 않으면 피부염을 일으킬 수 있다. 가장 좋은 방법은 각질 제거다. 보통은 알갱이가 들어 있는 스크럽 제품을 사용하는데, 이는 피부에 자극을 줄 수 있으므로 BHA 성분의 각질 제거제를 사용하는 걸 권한다. 각질이 반복적으로 제거되면서 피부 속으로 자라던 털이 밖으로 올라오게 된다.

너무 뜨겁지 않은지 온도를 꼼꼼히 체크해야 한다.

제모크림을 이용하는 방법도 간편하다. 샤워 전에 크림을 바르고 잠시 뒤 거즈나 스펀지로 닦아 내면 털이 녹아 빠진다. 하지만 두꺼운 털은 녹여 내는 시간이 오래 걸릴 수밖에 없고, 화학적 성분으로 인해 피부가 붉어지는 등 트러블을 일으킬 수 있다.

면도기로 밀었든 왁스를 발라 뽑아냈든 제모크림을 발랐든, 어떤 경우에도 제모 후에는 반드시 보습제를 발라 피부를 진정시켜야 한다.

여름철 워터파크에 가기 직전, 위생과 미용을 위해 제모를 하는 경우가 많다. 그런데 수영장 물속에는 락스 등 수질 개선제 성분이 들어 있어서, 이것이 피부 속으로 침투하면 피부 질환을 일으킬 수 있다. 따라서 당일 제모는 피하는 것이 좋다.

레이저 제모로 털 걱정에서 자유로워지자

매일 면도기로 밀지 않으면 어느새 피부 위로 올라오는 까만 털. 깜빡하고 제모를 하루 빼먹었을 뿐인데, 종아리를 만져 보면 까슬까슬하게 느껴진다. 이러한 번거로움과 모낭염의 위험에서 벗어나고 싶다면 레이저 제모를 권한다.

레이저로 '털 공장'이라 할 수 있는 모낭을 파괴해, 털이 제거되면 1년 이상 털 없는 상태를 유지할 수 있다. 모낭의 검은 멜라닌 색소에만 레이저가 흡수되어 모낭세포를 파괴하기 때문에 피부에는 자극을 주지 않고 통증도 적다. 우리 몸의 털은 생장기, 퇴행기, 휴지기를 거치며 자라기 때문에 한번에 모든 털을 제거하기는 힘들다. 제모를 원하는 부위의 털을 완전히 제거하려면 털이 자라는 생장 주기에 맞춰 5회 정도 반복적으로 시술을 받아야 한다.

　레이저 제모는 하얀 피부에 굵고 까만 털이 난 경우에 효과가 크기 때문에 겨드랑이와 종아리 부위 시술을 가장 많이 해 왔다. 하지만 요즘은 이마(헤어라인)나 인중, 구레나룻, 유두, 팔과 허벅지, 비키니 라인까지 확대되는 추세다. 제모를 받기 전, 부끄럽다며 깨끗하게 털을 뽑고 갈 필요는 없다. 족집게나 왁싱으로 모근까지 제거해 버리면 레이저가 파괴할 모근이 줄어들기 때문이다. 베드에 누우면 제모 부위에 레이저를 쏘는데, 약간의 통증과 타는 냄새가 나기도 한다. 제모가 끝난 뒤에는 피부가 붉어지거나 부을 수 있으니 냉찜질을 하거나 수딩 젤을 발라 진정시켜 주어야 한다. 털이 있던 자리에 딱지가 앉았다 하더라도 억지로 떼면 안 된다. 만약 딱지를 건드려 염증이 생긴다면 피부과를 찾아 의사의 진료를 받아야 한다.

　제모 직후에는 모낭염을 일으킬 수 있으니 사우나나 찜질방 이용은 당분간 피해야 하며, 샤워 후에는 반드시 보습제를 발라 피부를 진정시켜 주어야 한다. 피부 착색의 우려가 있으니 외출 시에는 제모 부위가 자외선에 노출되지 않도록 하며 수시로 자외선 차단제를 발라 준다.

　여름철에는 태닝을 하는 여성들이 많다. 레이저 제모의 원리는 레이저가 검은 멜라닌 색소에만 흡수되어 모낭을 파괴하는 것. 따라서 태닝으로 피부색이 검게 변했다면 레이저 제모를 받지 않는 게 좋다. 또한 레이저 제모를 받다가 화상을 입거나 피부 트러블이 생겨 고생하는 경우가 간혹 있다. 그러므로 간호사가 아닌 피부과전문의가 직접 시술하는지 확인하는 것이 중요하다.

Dr. 강현영의
b e a u t y
c o m m e n t

레이저 제모 후 이것만은 주의하세요!

1. 피부 진정: 레이저로 모근을 파괴했기 때문에 피부가 일시적으로 붉어지거나 부을 수 있다. 냉찜질을 하거나 수딩 젤을 발라 주면 붉은 기가 사라지고 부은 것이 가라앉는다.

2. 자외선 차단: 가급적이면 제모 부위가 자외선에 노출되지 않도록 하자. 색소 침착의 우려가 있기 때문이다. 외출 시에는 자외선 차단제를 꼼꼼히, 자주 발라 준다.

3. 보습: 시술을 받고 나면 피부가 건조해지기도 한다. 보습제를 발라 진정시켜 주자.

4. 모낭염 예방: 모낭이 자극을 받은 상태이기 때문에 모낭염 예방을 위해 2~3일 정도 사우나와 찜질방 이용을 삼가는 게 좋다. 단, 샤워는 가능하다.

5. 셀프 제모 금지: 시술을 받은 뒤에 다시 자라는 털을 셀프 제모하는 경우가 있다. 털을 그냥 두어야 다음 레이저 시술의 효과를 높일 수 있다.

6. 딱지 떼지 않기: 털이 굵다면 레이저 시술 후에 물집이나 딱지가 생길 수 있다. 딱지는 저절로 떨어지니 억지로 떼지 말자.

7. 남은 털 뽑지 않기: 시술을 받은 뒤에도 털이 남아 있을 수 있다. 이 털들을 억지로 뽑아내는 것은 금물이다. 1~2주 동안 서서히 뽑혀 나오니 조금만 참고 기다린다.

02 두피도 선 케어가 필요해

#두피 케어

여름철, 두피는 괴롭다

본격적인 여름인 6월이 되면 불볕더위가 찾아온다. 자외선 지수도 '매우 높음' 단계로 올라간다. 자외선 지수는 사람이 태양빛을 받았을 때 생길 수 있는 위험도를 0부터 9까지 10등급으로 나눈 것인데, 9를 넘어서면 '매우 높음' 단계에 이른 것이다. 한낮 '매우 높음' 단계일 때 자외선 차단제를 바르지 않고 햇빛 아래 서 있다고 가정해 보자. 아무런 방어막 없는 피부 속으로 순식간에 침투해 들어간 자외선으로 인해 피부는 검게 그을려 손상을 입는 것은 물론이고 멜라닌 색소가 지나치게 많이 만들어져 주근깨, 기미 등이 올라온다.

자외선은 체내에서 비타민D를 합성하지만, 피부에는 독이다. 진피층까지 침투한 자외선의 맹활약으로 인해 콜라겐은 파괴되고 수분이 사라져 피부는 바싹 마른다. 잔주름이 자글자글 생기고 기미, 주근깨가 순식간에 올라오며 이는 자연스럽게 피부 노화로 이어진다. 모공도 넓어져 얼굴이 십 년은 더 늙어 보인다.

자외선이 피부의 적임을 아는 사람들은 자외선 차단제를 꼼꼼히 바르고 모자와 양산, 선글라스에 자외선 차단 마스크까지 착용하고 다닌다. 그런데 얼굴과 목, 팔다리, 손까지 노출되는 부위에 구석구석 자외선 차단제를 바르면서 미처 생각하지 못하는 부위가 있다. 바로 두피다.

누가 두피에도 자외선 차단제를 바른다고 하면 유난 떤다고 생각할지도 모른다. 하지만 피부과 의사 입장에서 그건 유난 떠는 게 아니라 두피와 모발 관리를 제대로 하고 있는 것이다. 남다른 젊음을 유지하는 사람들은 대개 이렇게 보이지 않는 곳까지 신경 쓰는 작은 습관을 실천하는 경우가 많다.

자외선으로부터 두피를 보호하자

여름철 햇빛 아래에서 신나게 놀고 난 뒤 정수리나 가르마 부위가 갈색으로 변한 경험이 있을 것이다. 그대로 두면 각질이 생겨 벗겨지기도 하고 검버섯처럼 변하기도 한다. 탈모가 있다면 맨살이 그대로 드러나 화상을 입을 수도 있다. 얼굴은 리프팅을 하거나 보톡스를 맞아 주름 하나 없는데, 머리숱이 빈약하고 푸석푸석하며 정수리가 검버섯이 핀 듯 거뭇거뭇하다면 자연스럽지 않은 인상을 준다. 피부에 신경 좀 쓴다고 자부한다면, 이제 두피도 관리하자.

피부에 영향을 미치는 자외선이라 하면, 자외선A(UVA)와 자외선B(UVB)를 가리킨다. 자외선A는 주로 봄철에 강하며 두피 깊숙이 침투해 모근을 약하게 만든다. 자외선B는 한여름에 강하며 머리카락의 건강을 좌우하는 단백질을 파괴하고, 두피의 수분을 빼앗아 피지와 각질이 많아지게 한다. 겨울철에는 이틀에 한 번씩 머리를 감아도 말짱하던 두피가 여름철만 되면 자주 가려운 이유는 자외선에 의해 만들어진 피지와 각질 때문이라 할 수 있다. 아울러 손상된 두피는 탈모의 원인이 되기도 한다. 자외선으로 손상된 머리카락은 푸석푸석해지고 쉽게 툭툭 끊어진다. 제아무리 좋은 헤어 에센스나 컨디셔너를 발라도 자외선을 차단하지 않는 한, 사실은 모두 부질없는 것이다.

이제부터는 여름철에 자외선으로 인해 두피가 손상을 입지 않도록 관리해야 한다. 한여름에 15분 이상 햇빛에 노출되면 두피 온도가 올라간다. 두피 온도가 40도 넘게 올라가면 콜라겐과 엘라스틴 등 단백질이 파괴되어 두피는 탄력을 잃고 만다. 여름철 거리를 걷다 보면 양산을 쓰거나 모자를 착용한 여성들을 볼 수 있다. 양산이나 모자 활용은 두피를 보호하는 간편하고도 효과적인 방법이다. 단, 날씨가 더운 여름철에는 두피에서도 땀과 피지 분비가 많으니, 바람이 잘 통하는 재질의 모자를 쓰는 것이 좋다.

자외선으로부터 두피를 지키는 또 다른 방법은 두피에 자외선 차단제를 바르는 것이다. 나는 햇빛이 강한 날 야외 활동을 해야 할 때 꼭 자외선 차단제를 두피까지 바른다. 정수리나 가르마 부위에 자외선 차단제를 바르면 머리를 안 감은 것처럼 기름져 보일까 봐 걱정할지도 모르겠다. 그럴 경우 수분 베이스의 자외선 차단제를 선택하면 걱정을 덜 수 있다. 또한 한 번에 많이 바르지 말고 조금씩 여러 차례 바르기를 권한다. 요즘은 자외선 차단 성분이 함유된 두피 스프레이가 시중에 나와 있어 간편하게 두피 선 케어를 할 수 있다.

아울러 여름에는 두피 케어를 위해 아침보다는 밤에 머리를 감는 것이

TIP 햇볕에 자극받은 두피를 회복시키는 응급 처방

온종일 뙤약볕 아래에서 두피가 강한 자극을 받아 붉게 달아올랐다면 피부의 열을 내리고 수분을 공급해 진정시키는 게 급선무다. 민트 성분이 함유된 샴푸로 두피를 깨끗이 씻어 준 뒤 약산성의 헤어 미스트나 쿨링 에센스를 발라 피부를 진정시키고, 자극이 적고 영양 성분이 풍부한 헤어 팩을 해 준다. 만약 미스트나 헤어 에센스, 헤어 팩이 없다면 녹차 티백을 우려낸 물을 화장솜에 묻혀 자극받은 두피 위에 올려 둔다. 녹차 추출물에는 비타민C, 토코페롤, 카테킨이 많이 들어 있어 자외선으로 인해 손상을 입은 두피를 회복시켜 준다.

좋다. 더운 날씨와 자외선, 미세먼지 등으로 인해 두피에 땀과 피지 분비가 많기 때문이다. 피지와 노폐물이 모공을 막으면 각질이 생길 수 있으므로 하루 일과를 마친 밤에 머리를 감아 두피와 헤어를 깨끗하게 해 준다. 머리를 감을 때에는 낮에 바른 자외선 차단제가 제거되도록 꼼꼼하게 마사지하고 씻어 내도록 한다.

샴푸 때문에 두피가 늙고 있다?

한 번이라도 두피를 거울에 비춰 본 적이 있는지? 트러블이 생기지 않는한, 두피에 신경 쓰는 사람은 별로 없다. 그런데 생각해 보자. 얼굴과 두피는 하나로 연결되어 있다. 즉 피부를 끌어당겨 주는 것이 바로 두피. 제대로된 피부 리프팅은 두피의 탄력을 지키는 것이다. 두피가 건강하지 못하거나 탄력을 잃고 늘어지게 되면 얼굴 피부도 탄력을 잃고 만다.

그런데 우리가 매일 사용하는 샴푸가 두피를 노화시킨다면? 우리가 샴푸를 고르는 기준은 무엇인지 곰곰이 생각해 보자. 아름다운 연예인이 찰랑거리는 머리카락을 쓸어내리는 광고만 보고 샴푸를 선택하는 사람도 있고, 입소문이나 사용 후기를 보고 선택하는 사람도 있을 것이다. 아니면 명절 때 받은 선물 세트 속에 들어 있어 그냥 쓰고 있는 사람도 있을 테고. 중요한 것은 샴푸 속에 들어 있는 성분인데, 광고도 입소문도 가격도 아닌 성분을 살펴보고 샴푸를 고르는 사람은 별로 없다.

샴푸 속에 들어 있는 합성 계면활성제는 피부 표면의 지질 성분을 다 씻어 낸다. 수분을 지키는 막이 사라지면 두피는 점점 더 건조해지고 거칠어지며 탄력을 잃어버린다. 그런데 이게 끝이 아니다. 두피의 건조가 얼굴의 탄력을 저하시키고 노화를 앞당긴다.

몇 년 전 식약처가 가습기 살균제 성분인 메칠클로로이소치아졸리논(CMIT)과 메칠이소치아졸리논(MIT)이 들어 있는 치약에 대해 제품을 회수하고 판매를 중단하라는 조치를 내려서 온 나라가 떠들썩했다. 미국은 이미 1991년에 이 두 성분을 농약으로 분류했다. 그런데 이처럼 유해성 논란이 끊이지 않는 메칠이소치아졸리논이 샴푸와 바디샴푸, 화장품에 들어 있는 경우가 종종 있다.

또한 샴푸 성분 가운데 정제수 다음으로 함량이 높은 젤 형태의 계면활성제 소듐라우레스설페이트는 소듐라우릴설페이트에 에틸렌옥사이드가 결합되어 찬물과도 잘 섞이는 성질이 있다. 사실 예전에는 치약에 들어가는 계면활성제인 소듐라우릴설페이트가 샴푸에도 많이 들어갔지만, 피부에 자극이 된다는 다수의 연구 결과로 인해 클렌징 제품에는 소듐라우레스설페이트로 대체되고 있다. 그런데 문제는 소듐라우레스설페이트에 함유된 에틸렌옥사이드에 있다. 에틸렌옥사이드는 WHO 산하의 국제암연구소가 규정한 1군 발암물질로 백혈병이나 유방암을 유발할 가능성이 있다. 이뿐만 아니라 소듐라우레스설페이트로 인해 적은 양이지만 14-다이옥세인 성분이 발생할 수 있는데, 이는 간암을 유발할 수 있다.

이밖에도 벤질살리실레이트, 부틸페닐메칠프로피오날 등은 미국 환경시민단체 EWG가 정한 위험도 7등급 이상의 물질이다. 또한 항균 효과가 있는 트리클로산은 간을 딱딱하게 만들고 유방암을 유발하는 유독 물질이다. 식약처는 씻어 내는 제품에 한해, 이러한 유해 성분의 함유량이 0.0015%

를 넘지 않도록 하고 있다.

　시중에 판매 중인 샴푸나 컨디셔너 뒷면의 성분 표기를 살펴보면, 소듐라우레스설페이트가 거의 다 들어 있다. '자연주의', '친환경'을 표방하는 제품들도 이 성분을 포함하고 있는 경우가 비일비재하기 때문에 성분 표기를 꼼꼼히 살펴봐야 한다. 인체에 유해하지 않을 정도라서 판매 허가가 내려졌지만, 정제수 다음으로 많은 양이 들어 있기 때문에 유해 성분의 양을 모두 합치면 결코 무시할 만한 양이 아니다. 또한 모든 화학 성분이 그렇듯 장기간 노출되면 누적되어 악영향을 미칠 수 있다.

　'화장은 하는 것보다 지우는 게 중요하다'는 화장품 광고 카피처럼, 샴푸도 거품을 내어 세정하는 것보다 샴푸의 유해한 성분이 두피에 남지 않도록 깨끗이 씻어 내는 게 중요하다. 하지만 대충 거품만 사라지면 샴푸를 마무리하는 사람들이 많다. 그러다 보면 두피와 모발에 유해 성분이 그대로 남아 피부를 통해 우리 몸속으로 들어오고, 혈액을 통해 심장이나 간, 폐 등 장기와 뇌에 도달해 악영향을 끼친다.

TIP 천연 계면활성제가 들어 있는 소프넛

모 프로그램에 함께 출연했던 천연 화장품 전문가 K선생님이 소개한 소프넛은 두고 두고 널리 알리고 싶은 천연 비누 열매다. '무환자나무'라고도 불리는 소프넛나무의 열매는 물과 섞었을 때 풍부한 거품이 나는 천연 비누다. 천 주머니에 소프넛 열매를 10개 정도 넣어 물에 담그고 비비면 소프넛 껍질에 있는 사포닌 성분이 천연 계면활성제 역할을 해서 풍부한 거품을 만들어 낸다. 세정력도 제법 좋아서 모공을 막고 있던 각질과 피지, 비듬까지 제거되며 두피가 진정되고 머리카락에 윤기가 더해진다. 소프넛 열매로 거품을 내어 비누, 샴푸, 바디워시, 그리고 주방세제 대용으로도 쓸 수 있다. 천연 성분인 데다 잔여물이 남지 않아 알레르기성 피부나 아토피 피부염을 앓고 있는 사람들에게도 추천할 만하다.

두피 관리, 세 가지만 기억하자!

건강한 두피 관리, 어렵지 않다. 첫째, 자외선으로 인한 두피와 머리카락의 손상 막기. 둘째, 유해한 성분이 들어 있는 샴푸 사용하지 않기. 셋째, 두피의 유·수분 밸런스 지키기. 이 세 가지면 오케이다.

이제 피부만큼이나 두피에도 관심을 기울이자. 거울을 볼 때 이따금 두피도 관찰할 필요가 있다. 한여름 뙤약볕에 나갈 때는 헤어용 자외선 차단 스프레이를 뿌려 머리카락과 두피를 자외선으로부터 보호하는 습관을 들일 것을 권한다.

또한 샴푸나 린스, 컨디셔너 등 헤어 제품을 고를 때는 가습기 살균제 성

TIP 두피 열 내리는 양배추 미스트

자외선에 노출되면 두피와 머리카락에 있는 단백질이 파괴될 뿐 아니라, 두피 온도가 올라간다. 피부와 마찬가지로 기온이 1도 올라갈 때마다 피지 분비량은 10%씩 늘어나 모공을 막고 두피에 트러블을 일으키기도 하고 이는 탈모로 이어진다. 따라서 두피가 뜨겁게 달아올랐다면 두피 열을 내려 주는 것이 급선무다.
이때 필요한 것이 양배추. 양배추에 들어 있는 인도-3-카비놀 성분은 자외선에 의한 피부암을 예방한다는 연구 결과도 있다. 또한 알로에의 주성분인 알로에틴은 염증을 치료하고 피부를 진정시키며 보습 효과가 있어 햇볕에 달아오른 피부를 진정시키는 수딩 젤에 많이 사용되는 성분이다. 양배추와 알로에 젤로 천연 두피 미스트 만드는 법을 소개한다.

재료: 양배추 잎 2~3장, 정제수 500㎖, 페퍼민트 티백 2개, 알로에 젤 2큰술
① 정제수 500㎖에 양배추 잎 2~3장을 넣고 처음에는 중불로, 끓기 시작하면 약불로 15분 정도 끓인다.
② 양배추 끓인 물에 페퍼민트 티백 2개를 우려낸다. (건성과 민감성 두피는 생략)
③ 완전히 식힌 뒤 알로에 젤 2큰술을 넣어 섞어 준다.
④ 소독한 스프레이 용기에 옮겨 담는다. 냉장실에 넣어 두면 2주까지 사용할 수 있다.

분인 메칠클로로이소치아졸리논(CMIT)과 메칠이소치아졸리논(MIT), 화학 성분의 계면활성제인 소듐라우레스설페이트의 포함 여부를 잘 살펴본다. 일일이 성분을 따지기 힘들다면, 화장품 유해 성분 여부를 알려 주는 앱을 사용하는 것도 좋은 방법이다. 나는 EWG 등급에서 발암물질이나 유해물질 등 위험 수준으로 분류된 성분이 들어간 제품은 사용하지 않는다.

두피도 피부인 만큼 유·수분 밸런스가 깨지면 지나치게 피지가 많이 분비되어 모공을 막고 각질이 많아진다. 특히 여름철은 자외선이 강한 데다 실내는 에어컨 바람으로 건조해 두피 또한 건조해지기 쉽다. 수분이 바짝 마른 두피는 가렵고 트러블이 생기기 쉽다. 여기에 헤어드라이어의 뜨거운 바람으로 머리를 말리는 습관은 두피를 더욱 건조하게, 머리카락을 푸석푸석하게 만드니 반드시 차가운 바람으로 머리를 말리도록 한다. 건조한 두피를 그대로 방치할 경우 탈모로 이어져, 샴푸할 때마다 수챗구멍에 수북이 쌓인 머리카락을 보게 될지 모른다.

두피의 pH 밸런스를 유지하는 것도 중요한 포인트다. 건강한 두피의 pH는 5.5로 약산성이다. 따라서 pH 6.5 이하의 약산성 샴푸를 사용하는 것이 좋다.

마지막으로, 그동안은 샴푸로 씻어 내기에만 급급했다면 이제 수분과 영양 공급에도 신경 쓰는 것은 어떨까. 두피 세럼이나 오일, 에센스를 바르고 마사지해 준다면 자외선이 기승을 부리는 이 여름, 두피를 건강하게 지킬 수 있을 것이다.

03 풋사과로 다이어트하자

#애플페논

다이어트의 신흥 강자, 애플페논이 풍부한 풋사과

대학 시절, 원푸드 다이어트가 한창 유행이었다. 미팅을 앞두고 원푸드 다이어트에 돌입했다가 며칠 지나면 다시 살이 찌는 요요를 반복하며 오히려 더 살이 찌고 만 친구도 있었다. 피부 질환과 비만을 연구하고 치료하는 의사가 된 지금 생각해 보면, 며칠간 한 가지 과일만 먹는다는 것은 심각한 영양 불균형을 초래할 수 있다. 또한 이토록 고된 다이어트를 통해 체중을 줄인다고 한들, 수분만 빠졌지 체지방은 조금도 줄어들지 않는 탓에 요요 현상이 동반될 수밖에 없다. 정말 빠져야 할 지방은 빠지지 않고 우리 몸속에 꼭 필요한 수분이 빠지면, 기초대사량이 급격히 줄어들어 살찌기 쉬운 체질이 된다. 건강을 해치고 피부가 탄력을 잃고 축 처지는 것은 물론이다. 게다가 요요 현상은 신진대사를 교란시켜 수분 조절 장애, 간이나 심장 장애, 신장 장애를 유발하는 등 건강에 심각한 악영향을 끼칠 수 있다.

다이어트는 대다수 여성들에게 숙명과도 같다. 뚱뚱하든 날씬하든 외모와 상관없이 '나'라는 사람은 세상에 하나밖에 없는 소중한 존재라는 사실은 몇 번을 강조해도 지나치지 않을 만큼 절대불변의 진리다. 그러나 이왕이면 예뻐 보이고 싶은 것, 날씬한 몸매를 갖고 싶은 것, 좋은 피부를 갖고 싶은 것은 여성들의 숨길 수 없는 본능이라 다이어트를 포기하지 않는 것이다.

요즘 풋사과 다이어트가 인기를 끌고 있다. 인기에 힘입어 분말, 워터젤리, 음료 등 다양한 형태의 풋사과 다이어트 제품이 나올 정도다. 풋사과란 지름 4cm 이하, 무게 40g 이하의 덜 익은 사과로, 우리가 흔히 먹는 초록색 사과인 아오리 사과와는 다르다. 덜 익은 사과는 떫은맛이 나는데, 노화의 원인이 되는 활성산소를 제거하고 피부 탄력을 높이는 데 도움을 주는 탄닌과 루틴이 풍부하기 때문이다. 풋사과 다이어트 하면, 과거에 원푸드 다이어트 중 하나인 사과 다이어트가 떠오르지만, 그것과는 다르다.

풋사과 다이어트의 핵심은 폴리페놀로, 풋사과에는 폴리페놀 성분이 62%가량 들어 있다. 풋사과에 들어 있는 폴리페놀, 즉 '애플페논'은 우리 몸의 지방을 분해하는 호르몬인 아디포넥틴을 활성화시키며, 내장지방과 피하지방을 감소시키는 데 효과가 있다고 알려져 있다. 또한 올리고메릭프로시아니딘이라는 성분은 소장에서 흡수되지 않은 지방을 몸 밖으로 배출시켜서 혈액 내 중성지방을 낮추고 체지방을 감소시킨다. 따라서 수분만 줄어드는 것이 아니라 체지방까지 줄어들기 때문에 요요 현상을 방지하는 데도 도움이 된다.

TIP 쉽고 간편한 풋사과 샐러드 만들기

애플페논이 들어 있어 요요 없이 체중을 감량하는 데 도움을 주는 풋사과. 풋사과는 사과를 대신해 모든 요리에 넣을 수 있어 쉽고 간편하다. 가벼운 한 끼 식사로 상큼하게 즐길 수 있는 풋사과 샐러드 만드는 법을 소개한다.

재료: 풋사과 3개, 삶은 계란 1개, 양상추, 피망, 오이, 무가당 요거트
① 풋사과와 양상추, 피망, 오이 등은 깨끗이 씻어 먹기 좋은 크기로 썬다.
② 풋사과와 채소, 삶은 계란을 샐러드 볼에 담고 무가당 요거트를 드레싱으로 뿌려주면 완성. 다이어트에 좀 더 도움을 받기 위해서는 샐러드에 풋사과 분말을 1티스푼 첨가하는 것도 좋다.

그런데 식약처에서는 하루에 폴리페놀 600mg을 섭취할 때 체지방 감소에 도움을 준다고 고시했다. 이는 다이어트 효과를 얻기 위해서는 하루에 풋사과 30~40개를 먹어야 한다는 뜻이다. 실제로 하루 30~40개의 풋사과를 먹기는 힘들기 때문에 농축 분말 형태로 섭취하는 것이 간편하다. 농축된 분말은 하루 1.5g, 즉 티스푼으로 한 스푼 정도가 적당하다. 사과는 산도가 높다. 다이어트 욕심에 너무 많이 먹으면 속 쓰림, 복통이나 설사 등이 생겨, 다이어트하려다가 병원 신세를 질 수 있으니 주의가 필요하다.

다이어트에 좋은 폴리페놀, 어디에 들어 있나

앞서 풋사과 속 폴리페놀을 '애플페논'이라고 했는데, 항산화 물질인 폴리페놀은 5000종이 넘을 정도로 종류가 많다. 녹차나 홍차에 들어 있는 카테킨, 블루베리 등 보라색 과일에 많이 들어 있는 안토시아닌, 레드 와인에 들어 있는 레스베라트롤, 양파에 들어 있는 퀘르세틴 등도 폴리페놀의 일종이다.

'프렌치 패러독스'라는 말이 있다. 프랑스인들은 서양인들 대부분이 그렇듯이 버터, 치즈, 육류 등 기름진 음식을 많이 먹는데도 불구하고 관상 동맥 질환이나 심장병 발병률이 현저히 낮은 것을 두고 하는 말이다. 비결은 레드 와인에 들어 있는 폴리페놀이 몸에 나쁜 콜레스테롤을 감소시키고 몸에 좋은 콜레스테롤은 증가시켜 혈액 순환을 돕기 때문이라고 한다.

또한 녹차나 홍차의 떫고 쌉싸름한 맛의 원인인 카테킨은 우리 몸속 활성산소를 제거해 노화를 막는 것은 물론, 동맥경화와 고혈압, 치매를 예방하고 발암물질을 억제하여 암 전이를 늦추는 효과가 있다. 이는 카테킨을 구성하는 강력한 항산화 물질인 에피갈로카테킨 갈레이트(EGCG)의 효능이다. 특히 요즘 '카테킨 다이어트'라고 해서, 지방을 분해하고 칼로리를 연소시켜 다이어트에 도움을 주는 EGCG 제품이 주목을 끌고 있다. 하지만 과하게 섭취할 경우 EGCG가 간 독성을 유발할 가능성이 있어, 식약처가 EGCG 일일 섭취량을 300mg 이하로 제한하고 있으니 용량을 꼭 지켜야 한다.

카카오닙스 역시 다이어트에 좋은 폴리페놀이 풍부한 식품으로 주목받고 있다. '혈관 청소부'로 잘 알려진 카카오닙스는 혈관 속 찌꺼기를 제거하고 항암, 항염뿐 아니라 기억력 증진에도 효과가 있다고 알려져 있다. 카카오닙스에는 녹차의 50배에 이르는 카테킨이 들어 있어 지방 분해 효과가 뛰어나다. 단백질과 식이섬유가 풍부해 포만감을 주며 다이어트로 인해 생길 수 있는 변비를 예방한다. 하지만 카페인이 들어 있어 너무 많이 섭취하면 불면증이 생길 수 있다.

이렇듯 폴리페놀은 종류도 많고 효능도 가지각색이므로 자신에게 맞고 즐겁게 먹을 수 있는 제품으로 선택하는 것이 중요하다.

Step 3

날씬한 몸매,
주름 없는 피부 만들기

July

7월

#자외선

#셀룰라이트

#핑거루트

01

#자외선

피부의 가장 무서운 적은 자외선

손꼽아 기다리던 바캉스의 계절이 돌아왔다. 쉼표 없는 일상은 몸과 마음을 지치게 한다. 바쁜 직장 생활에 활력을 주는 것은 뭐니 뭐니 해도 휴가 아닐는지. 연초 부담 없는 첫발을 내딛게 하는 설 연휴, 5월 어린이날이 낀 짧은 연휴, 여름휴가, 추석 연휴, 크리스마스를 낀 연말 연휴는 직장인들의 쉼표가 되어 준다. 나 역시 마찬가지다. 매일 병원 문을 열고 출근하면 눈코 뜰 새 없이 바쁜 일정 속에 하루를 보내는 탓에, 쉼표가 되는 연휴가 정말 꿀맛이다. 휴가는 더 말할 것도 없다. 어디론가 훌쩍 떠나 몸과 마음을 힐링하고 오면, 일터에서도 집에서도 생기가 넘친다.

봄이 오는 순간부터 설레는 마음으로 준비해 신중하게 택한 여행지로 예약을 하고 멋진 바캉스 룩을 완성해 줄 옷과 신발, 선글라스, 액세서리 등을 챙겨서 떠난 휴가. 그런데 녹아 버릴 듯한 강렬한 자외선으로부터 피부를 지키지 못하면 힐링은커녕 피부 후유증만 남을 수 있다.

몇 년 전, 가족과 휴가를 다녀오던 비행기 안에서 있었던 일이다. 앞좌석에 이십 대 초반으로 보이는 젊은 여성 두 명이 앉아 있었는데, 민소매 옷 밖으로 드러난 목과 어깨가 빨갛게 달아올라 살갗이 벗겨진 곳도 있었다. 자외선 차단제를 수시로 바르는 것을 잊었거나, 피부가 워낙 민감해 자외선에 손상을 입은 것이리라. "제가 피부과 의사인데, 피부가 화상을 입은 것이니 귀국하면 바로 치료받으세요"라고 말을 건네고 싶었으나 괜한 오지 랖이라고 생각할까 봐 꾹꾹 참았다.

"자외선에 화상까지 입나?" 하고 고개를 갸우뚱거리는 사람도 있겠지만, 햇빛 즉 자외선에 지나치게 많이 노출되어 살이 붉게 달아올라 따갑고 가려운 느낌이 드는 증상을 '햇빛 화상'이라고 한다. 엄연히 피부가 빛과 열에 손상을 입은 상태인 것이다. 피부가 하얀 사람일수록 햇빛 화상을 입기 쉽다. 자외선으로부터 피부를 보호해 주는 멜라닌 색소의 크기가 작고 흩어져 있기 때문이다. 햇빛 화상이 심하면 물집이 생기고 살갗이 벗겨지기도 한다. 제때 치료받지 않고 햇빛에 자주 노출되면 피부 탄력이 떨어져 주름이 생기는 것은 물론이고 피부암의 위험도 높아진다.

여름철 휴가지에서 자외선 차단제 바르는 것을 깜박 잊고 '하루 안 발랐다고 별일 있겠어?'라고 생각하며 신나게 돌아다니다가는 후유증이 만만치

않게 발생한다. 자외선에 의해 빠르게 노화된 피부 나이를 되돌리는 것은 시술이 아니고서는 불가능하다.

휴가의 낭만을 완벽하게 마무리하기 위해서는 숙소를 나서기 전 자외선 차단제를 꼼꼼히 발라야 하며, 숙소로 돌아온 뒤에는 샤워를 하고 수딩 제품을 충분히 발라 피부를 진정시켜야 한다. 라이스페이퍼를 우유에 담갔다가 팩을 하는 것도 열을 내리는 데 도움이 된다. 라이스페이퍼가 없다면 화장솜을 사용해도 좋다.

한때 까만 피부가 매력적이라는 생각에 인공 태닝 열풍이 분 적도 있었다. 하지만 인공 태닝을 할 때 사용되는 자외선A는 피부 깊숙이 침투해 피부를 손상시켜 탄력을 떨어뜨리고 노화를 촉진한다. 흔히 피부 노화를 일으키는 주요 원인으로 스트레스와 술, 담배 등을 꼽는데, 나는 늘 자외선이야말로 피부에 가장 좋지 않다고 이야기한다. 해마다 증가하는 피부암의 주된 원인이 바로 자외선이다. 따라서 많은 피부과 의사들이 입에 침이 마르도록 반복해 말하는 것처럼, 자외선 차단제를 꼭 발라야 한다.

꼼꼼 자외선 차단법

그렇다면 자외선 차단제는 어떻게 골라야 할까? 자외선 차단제는 차단 원리에 따라 크게 화학적 차단제와 물리적 차단제로 나뉜다. 화학적 차단제는 피부에 닿기 전 화학적 방법으로 자외선을 흡수해 소멸시킨다. 에칠헥실메톡시신나메이트와 에칠헥실살리실레이트, 벤조페논, 아보벤존 등의 성분이 들어 있으며, 이 중 벤조페논과 아보벤존은 발림성은 좋게 만들지만 민감한 피부에 자극을 주고 알레르기를 유발할 수 있다. 반면 물리적 차단제는 무기물질로 피부에 반사막을 만들어 마치 거울처럼 자외선을 반사시켜 버린다. 징크옥사이드나 티타늄디옥사이드 등의 성분은 민감한 피부에도 자극이 적지만 피부에 하얗게 겉도는 백탁 현상을 일으키고 모공을 막아 클렌징을 꼼꼼히 해 주지 않으면 트러블이 생기기 쉽다.

흔히 화학적 자외선 차단제를 '유기자차', 물리적 자외선 차단제를 '무기자차'라고 한다. 민감한 피부나 어린아이라면 무기자차를 선택하는 것이 좋다.

자외선 차단제를 고르다 보면 용기에 'SPF35' 같은 숫자가 적혀 있는 걸 볼 수 있다. 이는 자외선B를 얼마나 차단해 주는지를 지수로 나타낸 것인데, SPF15는 그 차단제를 바르면 피부에 닿는 자외선의 양이 15분의 1로 줄어든다는 의미다. 즉 SPF35라면 35분의 1로 자외선이 줄어들고, SPF50이라면 50분의 1로 줄어들므로, 숫자가 높을수록 차단 기능이 강하다고 보면 된다. 그 뒤에는 'PA+++'라고 적혀 있는데, 자외선A의 침투를 얼마나 막아 주는지를 나타내는 지수다. '+'가 많을수록 자외선 차단 지수가 높다.

그런데 무턱대고 숫자가 높아야 좋을 거란 기대로 SPF50 지수의 자외선 차단제를 매일 양껏 발랐다가는 피부에 트러블이 생길 수도 있다. 자외선 차단 지수가 높을수록 화학적 성분이 많이 들어가기 때문이다. 많은 양의 자외선 차단제를 한꺼번에 바르기보다는 적당량을 얼굴과 목, 목 뒷부분, 입술, 두피까지 빈틈없이 바르는 것이 중요하다. 여름철 휴가나 장시간 야외 활동을 할 때는 SPF50 PA+++의 강한 자외선 차단제를 사용해야 하지만, 평소 일상생활을 할 때 매일 바르는 용도라면 SPF35 PA++로도 충분하다.

"자외선 차단제를 발랐는데도 기미가 올라왔어요"라며 찾아오는 환자들이 있다. '그게 바로 내 이야기'라고 생각한다면 자외선 차단제를 제대로, 꼼꼼히, 권장량만큼 바르고 있는지 점검해 보기 바란다. 자외선 차단제를 얼굴에 바를 때 얼마나 바르고 있는가? 콩알만큼 짜서 얼굴 전체에 바른다는 사람도 있고, 50원짜리 동전만큼 짜서 바른다는 사람도 있다. 그런데 자외선 차단 효과를 제대로 보려면 얼굴 전체에 500원짜리 동전 크기만큼의 양을 발라야 한다.

또한 자외선 차단제는 흡수되기까지 30분 정도의 시간이 걸리므로 외출하기 30분 전에 바르는 게 효과적이다. 특히 자외선 차단제는 자외선에 노출되는 순간부터 효과가 떨어지고 피지와 땀에 의해 지워지므로 2~3시간마다 덧발라 주어야 차단 효과를 높일 수 있다. 요즘에는 스틱 제품이 많이 나와 있어 손에 묻히지 않고 덧바르기도 편해졌다. 메이크업 시에는 자외선 차단 기능이 있는 비비크림이나 파운데이션을 함께 사용하면 효과를 높일 수 있다. "그럼 자외선 차단 효과가 있는 비비크림이나 파운데이션만 바르면 안 되나요?"라고 묻는 사람도 있다. 비비크림이나 파운데이션에 자외선 차단 기능이 있다 하더라도 차단 지수가 낮아 충분하지 않다. 따라서 자외선 차단제를 별도로 사용하기를 권한다.

물놀이 시에는 워터프루프 타입의 자외선 차단제를 사용해야 물에 씻겨서 지워지지 않는다. 그중에서도 지속내수성 제품을 사용해야 자외선 차단 효과를 높일 수 있으며 역시 2~3시간마다 물기를 닦고 덧발라야 한다.

외출하지 않고 온종일 집에 있는 날, 구름이 끼고 날씨가 흐린 날에는 자외선 차단제를 바르지 않아도 된다고 생각하는 사람이 많다. 그러나 방심은 금물이다. 흐린 날이 맑은 날보다 자외선이 더 많을 수도 있으며, 자외선은 유리창쯤은 쉽게 통과해 피부 속 깊숙이 침투한다. 운전할 때 자외선 차단제를 바르지 않으면 어느새 까맣게 탄 손과 얼굴을 보게 될 것이다. 따라서 여름뿐 아니라 사계절 내내, 날씨와 상관없이 매일 자외선 차단제를 바르는 습관을 들이자.

자외선 차단제는 꼼꼼히 바르는 것만큼 말끔히 지우는 것도 중요하다. 여성들은 보통 이중 세안을 하지만, 남성들이나 아이들은 비누로만 세안하기 쉬운데, 티타늄디옥사이드나 징크옥사이드 등 자외선 차단제 성분이 그대로 피부에 남아 트러블을 일으킬 수 있다. 오일 클렌저나 크림으로 닦아 낸 뒤 자극이 적은 약산성 클렌징 폼으로 세안해야 한다.

비타민D 합성을 위해 자외선 차단제를 바르지 않는다?

햇빛은 '행복 호르몬'이라 불리는 세로토닌을 합성해 우리가 우울증에 걸리지 않도록 하고, 멜라토닌을 합성해 밤에 잠을 푹 잘 수 있게 해 준다. 낮에는 세로토닌, 밤에는 멜라토닌이 잘 합성되어야 우리 몸의 신진대사가 원활해진다. 무엇보다 햇빛은 체내의 비타민D 합성을 돕는다. 잠시 언급하자면, 비타민D는 우리 몸에서 뼈를 튼튼하게 만드는 칼슘의 흡수를 돕는 영상소다. 또한 다른 여러 비타민, 무기물 호르몬과 함께 작용하여 칼슘과 다른 무기물이 잘 침착될 수 있도록 한다. 그러나 비타민D, 세로토닌, 멜라토닌의 합성을 돕는 햇빛을 듬뿍 받겠다고 자외선 차단제를 멀리하는 것은

TIP 스마트폰 블루라이트도 피부 노화를 일으킨다

잠들기 전 조명이 다 꺼진 상태에서 짧게는 몇 분, 길게는 한 시간이 넘도록 스마트폰을 보다가 잠드는 사람들이 많다. 그런데 스마트폰의 블루라이트는 시력을 떨어뜨릴 뿐 아니라 수면 호르몬인 멜라토닌 분비를 저하시켜 수면 장애를 일으키고 피부까지 노화시킨다. 블루라이트는 자외선A와 매우 비슷한 파장의 빛으로, 피부 열감을 높이고 자각하지 못하는 사이에 피부를 천천히 손상시킨다. 또한 멜라닌 색소를 자극해 기미나 잡티, 주근깨와 같은 색소 침착을 유발한다. 매일 꼼꼼하게 자외선 차단제를 바르고 햇빛에 피부가 노출되지 않도록 관리하는데도 불구하고 이러한 색소 침착이 계속된다면, 스마트폰에 블루라이트를 차단하는 앱을 설치하거나 지나친 스마트폰 사용을 자제하길 권한다.

득보다 실이 크다. 피부 노화라는 큰 복병을 만나게 되니 말이다.

　사실 우리 몸의 노출 부위 전체에 꼼꼼히 자외선 차단제를 바르는 것은 현실적으로 불가능하다. 따라서 자외선 차단제를 바른다고 해서 비타민D 합성량이 확 줄어드는 것은 아니다. 자외선에 의한 광노화는 세월의 흐름에 따라 자연스럽게 나이 드는 것과는 속도도 강도도 다르다. 색소 침착과 주름, 탄력 저하는 기본이고 피부암에 걸릴 위험도 높인다.

　비타민D는 정어리, 참치, 장어, 연어 같은 생선이나 영양제로 충분히 보충할 수 있다. 피부를 위해서는 자외선 차단제를 꼭 바르고 비타민D는 음식으로 보충하는 융통성을 발휘하자.

바캉스 후 피부는 진정이 필요해

　휴가철이 지나고 나면 햇빛에 검게 그을려 피부과를 찾는 환자들이 많다. 휴가지에서 돌아왔다면 이제 피부를 진정시키는 일이 남았다. 자외선 차단제를 여러 번 덧바른 데다 수영장의 수질 관리 약품 성분, 바닷물의 염분 등으로 인해 피부가 자극을 받은 상태이기 때문이다. 무엇보다 클렌징이 중요한데, 피부에 자극을 최소화할 수 있는 pH5.5~6.5 정도의 약산성 클렌저로 얼굴과 몸을 닦아 낸다.

　인종별로 자외선에 의해 피부가 손상되는 정도가 다른데, 백인종, 황인종, 흑인종 순으로 광노화가 일어나기 쉽다. 앞서 언급했듯이 하얀 피부일수록 자외선에 민감하다. 멜라닌 색소의 크기가 작고 분포도 또한 낮아 피부 보호막을 제대로 형성해 주지 못하기 때문이다. 반면 피부가 검은 편에 속하는 사람들은 멜라닌 색소가 비교적 크고 많이 분포해 있어서, 자외선이 피부에 닿으면 멜라닌 색소가 표피로 올라와 피부를 검게 만들

TIP 자외선에 그을린 피부를 진정시키는 천연 팩

1. 피부 나이 되돌리는 감자 팩
감자에는 비타민C가 사과의 5~10배나 들어 있어 미백 효과가 탁월하며 피부 재생과 안티에이징 효과가 있다.

재료: 감자 1개, 밀가루, 꿀, 거즈
① 감자는 껍질을 벗기고 강판에 갈아 준다.
② 밀가루를 1큰술 정도 넣어 팩의 농도를 맞춘다.
③ 꿀을 1티스푼 넣는다. 꿀은 피부에 수분과 영양을 공급한다.
④ 감자의 솔라닌 성분이 피부에 자극이 될 수 있기 때문에 패치 테스트는 필수. 손등이나 팔 안쪽에 거즈를 덮고 감자 팩을 올리고 5~10분 뒤 떼어 내어 피부 자극이 없는지 테스트한다.
⑤ 자외선에 붉게 달아오른 얼굴에 거즈를 덮고 감자 팩을 올린다. 천연 팩을 그대로 얼굴 피부에 바르면 자극이 될 수 있으므로 반드시 거즈를 사용할 것. 15분 뒤 거즈를 떼어 내고 미온수로 깨끗이 씻는다.

2. 색소 침착을 예방하는 아로니아 팩
피부가 자외선에 노출되어 손상을 입었다면 아로니아 팩으로 피부를 진정시키자. 아로니아에 들어 있는 항산화 물질인 안토시아닌은 손상된 피부의 모세혈관을 복구하고 피부 진피층을 탄탄하게 해 피부가 탄력을 유지하도록 돕는다. 또한 색소 침착을 예방하는 데도 효과가 있다.

재료: 아로니아 생과, 우유, 밀가루, 거즈
① 종이컵 한 컵 분량의 아로니아 생과를 믹서에 넣고 갈아 준다.
② 거즈로 아로니아 즙만 걸러낸 뒤, 우유를 섞어 준다. 우유에는 미백 성분이 있으므로 물 대신 우유를 사용하는 것이 좋다.
③ 밀가루를 넣어 되직하게 농도를 맞춘다.
④ 패치 테스트 후 이상이 없으면, 얼굴에 거즈를 덮고 그 위에 아로니아 팩을 올린다. 15분 뒤 미온수로 씻어 준다.

어 피부 보호막을 형성한다.

　햇빛에 손상을 입어 군데군데 일어난 살갗을 일부러 벗겨 내는 것은 금물이다. 자극이 적은 제품으로 각질 제거를 해서 각질 탈락 주기에 맞춰 멜라닌 색소가 잘 떨어져 나갈 수 있도록 해 주어야 원래 피부색을 빨리 되찾을 수 있다. 각질 제거 후에는 보습을 충분히 해 주는 것이 중요하다.

　휴가 후에는 얼굴에 트러블이 생겨 뾰루지가 올라오기도 한다. 앞서 말했듯이 바닷물의 염분이나 수영장 물의 화학 성분, 자외선 차단제의 화학 성분 등이 종합적으로 피부에 자극을 주었기 때문이다. 게다가 여름철에는 기온이 높아 피지 분비량도 늘어나 노폐물을 깨끗이 닦아 내지 않으면 모공이 막힌다.

　외출에서 돌아온 뒤에는 깨끗이 클렌징하고 자외선에 의해 건조하고 민감해진 피부를 진정시켜 주어야 한다. 붉게 달아오른 피부에는 냉찜질을 해 주고, 수렴 작용을 하며 보습 효과를 지닌 에센스나 크림을 발라 피부를 촉촉하게 만들자. 자극받은 피부를 회복시키는 데는 알로에가 효과 만점이니 알로에 성분이 충분히 담긴 수딩 젤을 선택하는 것이 좋다.

　피부에 물집이 생겼거나 벗겨졌다면, 붉게 달아오른 피부가 시간이 지나도 회복되지 않는다면, 피부과 진료를 받기를 권한다. 그냥 두면 거울을 볼 때마다 신경 쓰이는 흔적이 남을 수도 있기 때문이다.

02 비키니 몸매의 적, 셀룰라이트

지방보다 없애기 힘든 셀룰라이트

인형 같은 외모에 날씬하고 길쭉길쭉한 팔다리, 여성스러운 S라인은 모든 여성들의 로망이다. 어느덧 마흔 중반을 넘어선 친구들을 만나면 피부 이야기로 시작해 몸매 이야기로 옮겨 간다. 그런데 몸매 이야기만 나오면 모두 "나도 내가 이렇게 몸매가 망가질 줄은 몰랐어"라며 입을 모은다. 그러면 누군가는 "그래도 너 정도면 사십 대 몸매치고 괜찮은 거야"라며 위로 아닌 위로를 건넨다.

이십 대다운 몸매, 삼십 대다운 몸매, 사십 대다운 몸매가 따로 있을까? 나는 오랫동안 다이어트를 연구해 온 피부과 의사로서 단호하게 말한다. 이십 대다운 몸매, 삼십 대다운 몸매, 사십 대다운 몸매란 없다고. 이십 대라 해도 몸매 관리에 신경 쓰지 않으면 금세 펑퍼짐한 몸매가 되고, 마흔이 넘어서도 관리만 잘해 나간다면 매끈한 종아리, 날씬한 S라인을 유지할 수 있다. 비결은 바로 셀룰라이트에 대한 관심이다.

셀룰라이트를 단순히 비만으로 여기고 방치하면 문제는 더 심각해진다. 셀룰라이트와 비만은 엄연히 다르다. 비만은 우리 몸속에 들어온 음식물이 에너지로 쓰이고 남아서 과다하게 지방으로 축적되는 것으로, 남자들에게도 예외 없이 큰 고민거리다. 이와 달리 셀룰라이트는 진피층, 지방층은 물론 혈액과 림프 순환에도 변화가 생기는데, 사춘기 이후 여성의 85%가 셀룰라이트를 가지고 있다.

살이 없고 마른 체형의 여성이라도 셀룰라이트가 있을 수 있다. 셀룰라이트를 가진 남성은 5% 정도로 여성에 비해 훨씬 적은 비율로 나타나는데, 남성은 여성 호르몬인 에스트로겐의 영향을 덜 받고 지방 구조도 다르기 때문이다.

TIP 셀룰라이트 예방하는 3-5비법

얼굴에서는 관자놀이, 상체에서는 쇄골, 하체에서는 서혜부에 주로 분포한 림프관을 자극해서 노폐물을 배출하고 혈액 순환을 원활하게 만드는 마사지다. 하루에 3회, 5분씩만 시간을 내서 따라 하면 셀룰라이트를 예방해 멋진 비키니 핏을 완성할 수 있다.

① 검지로 관자놀이 부분을 위아래로 문질러 준다.
② 쇄골에 네 손가락을 대고 바깥쪽에서 안쪽으로 문질러 준다.
③ 서혜부(사타구니)를 골반 라인을 따라 눌러 자극해 준다.

살이냐 지방이냐, 셀룰라이트의 정체는?

햇살이 눈부신 여름, 손꼽아 기다리던 바캉스를 위해 구입한 비키니를 입었는데 팔뚝이며 허벅지 혹은 복부에 오톨도톨 튀어나온 셀룰라이트가 보인다면 그야말로 낭패다. 셀룰라이트란 주로 여성의 허벅지나 엉덩이, 아랫배에 생기는데, 피부가 오렌지 껍질처럼 울퉁불퉁하게 변한 것을 말한다. 전문 용어로는 '여성형 지방이영양증(Gynoid Lipodystrophy)', 즉 지방세포 구조 변화로 인해 피하조직에 생기는 염증으로 본다.

셀룰라이트는 지방세포가 변성되어 피부 속 노폐물과 뒤엉켜 버린 상태다. 즉 지방세포와 세포 사이의 바탕질에 노폐물이 고여 여러 가지 원인에 의해 끈적끈적하게 굳어 버렸기 때문에 한번 생기면 없애기가 쉽지 않다.

도대체 셀룰라이트는 왜 생기는 것일까? 주된 원인은 미세 혈관과 림프의 순환 장애다. 하수구에 머리카락이나 노폐물이 엉겨 붙어 있으면 물이 잘 내려갈 수 없는 것과 마찬가지로, 우리 몸의 혈류나 림프가 원활하게 순환되지 못하면 피하지방 조직에 저장되어 있던 지방이 녹지 않고 섬유모세포나 노폐물과 결합해 딱딱한 결절을 만들어 낸 뒤 피부 표피 아래로 침투해 셀룰라이트를 형성한다. 여성 호르몬인 에스트로겐도 큰 영향을 미친다. 에스트로겐이 적게 분비되는 것만큼이나 과도하게 분비되는 것도 우리 몸

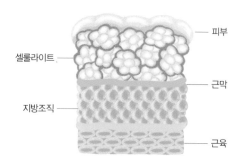

에는 좋지 않다. 셀룰라이트를 많이 만들어 내기 때문이다.

셀룰라이트는 단지 살이 울퉁불퉁하게 변성되어 보기 싫은 것뿐만 아니라 다른 질환의 원인이 될 수 있기 때문에 문제가 된다. 혈류 순환이 느려져서 셀룰라이트가 있는 부위의 체열을 측정해 보면 푸른색으로 나타난다.

TIP 나는 셀룰라이트 몇 단계일까?

1. 1단계– 살을 비틀면 셀룰라이트가 눈에 보인다
피하지방 조직의 지방세포가 커지면서 생기는 초기 셀룰라이트다. 피부가 처지거나 울퉁불퉁하지 않고 정상 피부에 가까워 셀룰라이트가 있는지 의식하지 못한다. 그러나 손으로 살을 비틀었을 때 셀룰라이트가 보이고 피부가 탄력이 없고 물렁거린다.

2. 2단계– 살을 꼬집으면 셀룰라이트 알갱이가 불룩 튀어나온다
피하지방 조직의 구조가 변해 지방 구조가 손상되고 축적되는 단계. 살을 꼬집는 핀치 테스트를 해 보면 피부 표면이 울퉁불퉁하게 튀어나오는 것이 보인다. 이때까지는 셀프 마사지로 셀룰라이트가 단단해지지 않도록 관리할 수 있다. 반신욕과 마사지가 몸속 노폐물 배출에 도움이 된다. 2단계 셀룰라이트를 방치하면 단단한 셀룰라이트를 만드는 3단계로 발전된다.

3. 3단계– 셀룰라이트가 단단해져 오렌지 껍질처럼 보이고 살을 비틀면 아프다
오렌지 껍질처럼 울퉁불퉁한 셀룰라이트가 확연히 드러난다. 부종이 생기고 적외선 체열 검사를 하면 빨간색은 거의 없고 푸른색이 많이 분포되어 나타나며, 핀치 테스트할 때 아프다. 3, 4단계의 셀룰라이트를 제거하기 원한다면 피부과 치료가 필요하다.

4. 4단계– 피부가 처지고 누르기만 해도 아프다
적외선 체열 측정 검사 결과, 파란색이 짙게 나타난다. 순환 장애로 인해 셀룰라이트가 심해진 것이다. 피부에 혈액 공급이 제대로 되지 않고 피부가 코끼리 피부처럼 두꺼워지고 처지며 어두운 색으로 변한다. 4단계라면 꼭 치료를 받아야 한다.

혈류 순환이 안 되면 만성 피로와 근육통, 혈관 질환 등이 생길 수 있다. 또한 팔뚝에 셀룰라이트가 많이 생기면 뇌로 혈류가 원활하게 흘러가지 못해 치매가 올 수 있다는 연구 결과도 있다. 셀룰라이트는 내분비계 신진대사의 변화로 인해 생기며, 미소 순환계 및 우리 몸의 정화 작용에 영향을 미친다.(《셀룰라이트: 병리생리학과 치료》, 안토니오 바치)

셀룰라이트는 크게 4단계로 구분하며, 1~2단계라면 셀프 마사지나 식습관 교정을 통해 호전될 수 있다. 그러나 살을 꼬집어 비트는 핀치 테스트를 할 때 통증을 느끼는 셀룰라이트 3단계나, 셀룰라이트로 인해 피부가 처지는 4단계에 해당한다면 의사의 도움을 받아 치료해야 한다.

셀룰라이트, 없앨 수 있을까?

나이를 잊은 탄탄한 몸매가 자산인 할리우드 스타들도 셀룰라이트에서 자유롭지 못하다. 샤론 스톤이나 산드라 블록, 제니퍼 러브 휴잇 등이 파파라치 컷에 허벅지와 엉덩이의 셀룰라이트가 그대로 노출되어 곤욕을 치르기도 했다. 그렇다면 셀룰라이트를 없애는 것이 과연 가능할까?

흔히 셀룰라이트를 단순히 비만의 일종으로만 보고 다이어트에 돌입하면 해결될 것이라 생각하는데, 사실 그렇지 않다. 칼로리 섭취를 제한하는 다이어트를 하면 기초대사량이 떨어져 살찌기 쉬운 체질이 되고, 반복된 요요 현상은 지방을 셀룰라이트로 바뀌게 한다. 또 과도한 운동으로 인해 오히려 셀룰라이트가 악화될 수 있다. 근육을 심하게 사용하면 근막과 주변 지방층에 만성 염증이 생겨 셀룰라이트를 악화시킬 수 있기 때문이다.

셀룰라이트가 심하지 않다면 슬리밍 로션과 크림을 사용해 마사지하는 것이 도움이 될 수 있지만, 셀룰라이트의 영구적인 제거는 쉽지 않다. 피부 표면에 바른 크림이 피하지방까지 흡수되어 효과를 발휘할 수 있을지는 미지수이기 때문이다. 아울러 지방과 근육 조직에 손상을 주는 무리한 지방 흡입술도 셀룰라이트를 악화시킬 수 있다.

한번 생긴 셀룰라이트를 없애기는 쉽지 않지만 새로운 셀룰라이트가 생기는 것을 예방할 수는 있다. 앞서 순환 장애가 원인이라고 설명했듯이, 우리 몸에 순환이 원활하게 되지 않을 때 셀룰라이트가 잘 생긴다. 따라서 레깅스나 스키니진 같은 꽉 끼는 옷을 자주 입으면 순환이 잘 안 되는 부위에 지방 조직과 노폐물 등이 뒤엉키기 쉬우므로 주의하도록 한다. 구부정하게 앉거나 다리를 꼬고 앉는 습관도 림프와 혈액의 순환을 방해한다. 또한 술

Dr. 강현영의 beauty comment

셀룰라이트 없애는 시술

1. 메디컬 림프 드레인: 체외충격파, 앤더몰로지, 중저주파로 팔, 복부, 허벅지, 종아리 등의 혈류와 림프 순환을 원활하게 해 만성 염증과 부종을 치료하고 지방세포를 자극해 지방을 효과적으로 연소시킨다. 메디컬 림프 드레인 후에는 콜라겐과 엘라스틴 층을 복원해 피부가 처지는 것을 방지하는 시술로 탄력 있는 몸을 만들 수 있다.

2. 심부열 고주파 레이저: 고주파 레이저를 피하 지방층 깊숙이 침투시켜 지방세포만 선택적으로 파괴하기 때문에 혈관이나 신경 손상 위험이 없다. 심부에 평균 42℃의 열을 전달해 지방세포를 녹이고, 노폐물 및 독소를 배출하는 것은 물론, 혈액 순환을 원활하게 해 섬유화된 셀룰라이트를 녹인다. 또한 진피층의 콜라겐이 재생되는 효과가 있어 피부 탄력까지 회복시켜 준다.

3. HPL/LLD 주사: 약물을 이용해 지방을 녹이는 시술이다. HPL(Hypotonic Pharma-cological Lipo-dissolution) 주사는 지방 분해 성분을 투여해 삼투압 현상으로 지방세포를 파괴, 소변을 통해 배출시킨다. LLD(Lipolytic Lymph Drainage) 주사는 히알루로니다아제라는 효소 주사제를 투여해 림프 순환을 촉진시키고 지방을 분해, 배출한다.

을 많이 마시거나 스트레스에 예민해도 셀룰라이트 상태를 악화시킬 수 있으므로 음주 습관과 스트레스 관리에 신경을 쓴다. 적절한 운동과 스트레칭으로 혈액 순환을 원활하게 해 주어야 셀룰라이트를 예방할 수 있다. 운동은 강도 높은 운동보다는 저강도 운동이 효과적이다.

셀룰라이트는 건강에도 적신호이므로 우선 셀룰라이트가 생기지 않는

TIP 브러시로 셀룰라이트 관리하자

모델 미란다 커의 피부와 몸매 관리법은 우리나라 여성들 사이에서도 늘 화제가 된다. 그녀가 샤워 전에 바디용 브러시로 마사지를 해서 몸매를 관리한다는 것은 잘 알려진 사실이다. 브러시 마사지는 혈류 순환과 림프 순환을 원활하게 해 주어 허벅지나 엉덩이 밑에 울퉁불퉁하게 올라오는 셀룰라이트를 예방해 준다.

브러시를 선택할 때는 인조모보다는 천연모로 된 것, 모질이 부드러운 것을 선택해야 피부 자극을 줄이고 원하는 효과를 볼 수 있다.

브러시 마사지를 하는 요령은 간단하다.

① 발뒤꿈치에서 오금, 오금에서 서혜부를 향해 쓸 어 준다.
② 손끝에서 팔꿈치, 팔꿈치에서 겨드랑이를 향해 쓸어 준다.
③ 등과 허리, 엉덩이를 쓸어 준다. 마지막으 로는 배와 가슴, 목을 마사지해 준 뒤 샤 워나 반신욕으로 혈액 순환을 원활하게 해 준다.

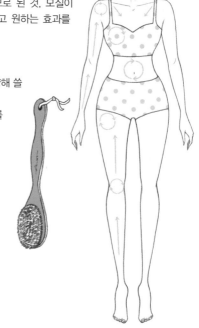

체질을 만드는 것이 중요하다. 이를 위해서는 우선 식이 습관부터 점검해 보자. 지금까지 고탄수화물과 고지방 식사를 즐겨 왔다 하더라도 이제부터 는 단백질과 채소 위주의 식사를 해야 한다. 정제된 밀가루, 쌀 등 탄수화물 은 인슐린 분비를 촉진해 지방이 쉽게 쌓인다. 닭가슴살이나 두부 같은 양 질의 단백질은 세포 사이사이의 과다한 수분을 흡수해 부종을 막고 근육을 만드는 데 도움을 주어, 결과적으로 셀룰라이트를 예방한다. 과다한 카페인 섭취는 혈관을 수축시켜 혈액 순환을 방해해 셀룰라이트를 생성하도록 만 든다. 카페인 대신 혈액 순환에 좋은 차를 하루 여덟 잔 이상 마시는 습관이 셀룰라이트 생성을 막는다.

셀룰라이트를 개선할 수 있는 음식으로 해바라기씨와 생강을 추천한다. 해바라기씨는 혈액 순환을 원활하게 만들어 부종을 해소해 주고 콜레스테 롤 수치를 낮춰 준다. 생강은 기초대사량을 높이고 지방세포를 분해하는 데 도움을 준다.

카페인이나 레티놀이 함유된 크림을 바르는 것도 도움이 된다. 카페인은 지방을 분해하고 우리 몸 안에 축적된 수분을 제거해 주며, 레티놀은 섬유 각막을 풀어 주고 피부를 유연하게 해 눈에 띄는 셀룰라이트를 일부 완화 시키는 데 도움을 줄 수 있다.

아울러 이미 3단계 이상의 셀룰라이트가 생겼고 상태가 더 악화되기 전 에 치료하고 싶다면 피부과를 방문해 의학 기술의 도움을 받기를 권한다.

03 셀룰라이트를 줄여 주는 생강

#핑거루트

셀룰라이트가 걱정된다면 생강을 가까이하자

피부는 파운데이션과 컨실러로 가리고 세련된 색조 메이크업으로 커버가 되지만, 몸매는 어디 그런가? 물론 센스 있는 패션으로 체형을 커버하기도 하지만 여름철엔 그마저도 쉽지 않다. 여름철 짧은 바지를 입고 싶어도 훤히 드러난 허벅지 셀룰라이트는 민망하기만 하고, 쇼윈도에 마음에 드는 민소매 원피스가 걸려 있어도 팔뚝 아래 붙은 셀룰라이트를 생각하면 이내 단념하고 만다. 이렇게 셀룰라이트에 대한 스트레스가 여름철엔 최고조에 달한다 해도 과언이 아니다. 살을 빼면 나아지리라 생각하고 먹고 싶은 욕구를 참아 가며 다이어트에 열을 올려 봐도, 체중은 줄어도 체지방은 그대로고 피부가 탄력을 잃고 흐물흐물해지기 십상이다. 게다가 다이어트를 했더니 소중하게 지키고픈 얼굴 살, 가슴 살만 쫙쫙 빠져 오히려 우울했던 경험이 한 번쯤은 있을 것이다.

다시 말하지만 의학계에서는 셀룰라이트를 피부 속에 생긴 만성 염증으로 본다. 그러니 살을 뺀다고 해서 염증이 사라지기는 힘들다. 적외선 체열 검사를 하면 셀룰라이트가 있는 부위의 푸른색으로 나타나는데, 그 부위의 혈액 순환이 잘 되지 않기 때문이다. 따라서 혈액 순환을 원활하게 해 주는 것이 셀룰라이트 개선의 첫걸음인데, 이때 추천하는 식재료가 바로 생강이다. 나는 셀룰라이트 제거 시술을 받은 환자들에게 생강 위주의 식단으로 몸 관리를 하라고 권한다.

생강이 셀룰라이트 개선에 좋은 이유는 무엇일까? 생강은 몸을 따뜻하게 해 주고 혈액 순환을 돕는다. 그래서 순환 장애로 인해 발생하는 셀룰라이트를 관리하는 데 도움이 되는 것이다. 생강의 매운맛을 내는 '6-진저롤'은 항암, 항염, 항산화 효과가 뛰어나다. 또한 생강은 나쁜 콜레스테롤인 LDL 콜레스테롤의 수치를 낮춰 준다. 보통 장어를 먹을 때 생강을 썰어서 같이 쌈을 싸 먹는데, 이때 생강은 비린내를 잡아 줄 뿐 아니라 장어에 들어 있는 콜레스테롤을 감소시켜 주는 효과가 있다.

기침감기에 걸리면 흔히 생강차를 마신다. 생강은 폐의 염증을 가라앉혀 호흡기 건강에 도움을 준다. 또 수족냉증으로 손발이 차고 저릴 때 생강을 먹으면 혈액 순환이 원활해져서 손발이 따뜻해진다. 우리 몸의 체온이 1도 올라가면 면역력이 다섯 배 좋아진다고 한다. 하지만 여름철 어디를 가나

TIP **체온을 높여 주는 레몬생강청**

몸을 따뜻하게 해서 셀룰라이트 예방과 개선에 도움을 주는 생강. 하지만 특유의 매운맛 때문에 먹기 꺼려진다면, 상큼한 맛은 물론이고 비타민C까지 풍부한 레몬을 넣어 레몬생강청을 만들어 보자. 따뜻한 물에 타서 마셔도 좋고, 여름에는 시원한 탄산수에 타서 레몬진저에이드로 마셔도 좋다.

재료: 레몬 3개, 생강 100g, 설탕 또는 꿀
① 레몬은 베이킹소다로 깨끗이 닦고, 뜨거운 물에 살짝 데쳐 소독한다.
② 레몬을 얇게 슬라이스한다. 씨는 제거해 준다.
③ 생강은 껍질을 벗겨 얇게 슬라이스한다. 생강을 많이 섭취하려면 믹서에 갈아서 사용해도 좋다.
④ 레몬과 생강을 합친 분량과 동량의 설탕 또는 꿀을 넣어 섞은 뒤 소독한 병에 담는다.
⑤ 실온에서 3~4일 숙성시킨 다음 냉장 보관한다.

빵빵하게 냉방이 되어 있는 탓에 냉장고 속에 있는 것처럼 몸이 차가워지곤 한다. 이럴 때는 아이스 아메리카노 대신 진저에이드 한 잔으로 혈액 순환을 돕고 몸을 따뜻하게 하는 게 좋다.

인도네시아에서 온 생강, 핑거루트

최근 뮤지컬 배우 A씨가 출산 후 30kg이나 체중을 감량할 수 있었던 비법으로 핑거루트를 소개해서 화제가 된 바 있다. 핑거루트는 생강과에 속하는 뿌리 식물로, 인도네시아 열대우림에서 자라는 탓에 '인도네시아 생강'이라고도 불린다. 인도네시아 전통 요리에 자주 쓰이는 향신료인데, 피를 맑게 해 주고 자궁을 깨끗하게 해 준다고 해서 오래전부터 인도네시아 여성들의 산후 조리 비법으로 사용되어 왔다.

대부분의 비만 환자들은 "여기저기 안 아픈 곳이 없다"라고 한다. 곳곳에 쌓인 지방세포에서 염증 물질이 나와 몸속 여기저기를 돌며 염증을 일으키기 때문이다. 그런데 핑거루트에 들어 있는 판두라틴이라는 성분이 염증을 감소시키는 데 도움을 준다. 셀룰라이트는 지방세포에 생기는 염증의 일종이기 때문에 판두라틴의 항염증 기능이 셀룰라이트를 줄이는 효과가 있다는 연구 결과가 있다.

다이어트란 지방세포의 수를 줄이는 것이 아니라, 지방세포의 크기를 줄이는 것이다. 다이어트 후 찾아오는 요요 현상이란, 지방세포의 크기가 다시 커지는 것이다. 우리 몸속에는 운동을 할 때 지방 연소를 돕는 AMPK 효소가 있다. 판두라틴이 AMPK 효소를 활성화시켜 지방 분해에 도움을 주고, 지방세포가 커지는 것도 막아 준다. 이와 같이 판두라틴은 체지방 분해에도 효과적이어서 식약처에서도 2013년 체지방 감소에 효과가 있는 기능성 성분으로 인증했다.

인도네시아 여성들은 핑거루트 팩을 즐겨 한다고 하는데, 그들의 피부 상태를 측정해 본 결과 수분도가 35~40%로 높게 나왔고 피부 탄력도도 높았다. 판두라틴이 콜라겐의 합성을 증가시키고 콜라겐이 분해되는 것은 억제하기 때문이다.

핑거루트는 생강처럼 차로 끓여 마시거나 제품화된 분말을 우유에 타서 먹는 것도 좋다. 우유의 단백질이 판두라틴을 활성화시키기 때문이다. 식약처가 권장하는 판두라틴 일일 섭취량은 600mg. 예뻐지겠다는 욕심에 너무 많이 먹으면 설사 등의 부작용이 생길 수 있으니 주의하자.

August

8월

#목주름

#내장지방

#시어버터

목은 나이를 속일 수 없다

아무리 피부 관리를 잘했다고 해도 나이를 속일 수 없는 부위가 있다면 목과 손이 아닐까 싶다. 내 친구 중 하나는 주름에 매우 민감하다. 얼굴 피부를 탱탱하게 유지하기 위해 전 세계에서 1초에 몇 개씩 팔린다는 펩타이드 성분의 주름 개선 화장품을 구입하는 데 돈을 아끼지 않는다. 또 한 명의 친구는 집 안에서도 늘 자외선 차단제를 바르고 또 덧바를 만큼 피부 광노화를 막기 위해 애쓴다고 한다. 그래서인지 다들 사십 대 후반임에도 불구하고 얼굴에 주름이나 잡티가 별로 없으니 나름 선방하고 있는 셈이다. 그런데 어느 여름 목선이 훤히 드러나는 원피스를 입은 그녀들을 보며, 옛날에 엄마가 푸념처럼 하시던 말이 떠올랐다.

"목은 나이를 속일 수 없어."

고급스러운 명품 목걸이가 햇살을 받아 반짝거릴 때, 그 틈으로 보이던 그녀들의 목주름. 그 목주름이 마치 나이테 같다는 생각이 들었다.

내가 이십 대에는 엄마가 하시던 목주름 얘기를 그냥 흘려들었는데, 사십 대 후반이 된 지금은 그게 몹시 후회스럽다. 목주름은 생기기 전부터 미리 관리해야 하는데, 나 역시 목주름이 옅게 자리를 잡은 뒤에야 넥크림을 바르고 목주름을 만드는 생활 습관을 바꾸어 가기 시작했으니 말이다.

데콜테, 넥콜테

　나이가 들면서 근육과 지방을 감싸고 있는 인대들이 약해지면서 피부 조직들이 아래로 내려와 피부가 처지게 된다. 피부 탄력이 떨어지는 곳은 얼굴만이 아니다. 특히 피부 두께가 얇은 목 부분이 노화의 직격탄을 맞게 된다.

　데콜테(décolleté)는 프랑스어로 '목둘레를 파다'라는 뜻으로, 패션에서 쇄골과 어깨를 드러내는 깊이 파인 네크라인 형태를 가리킨다. 피부과에서도 '데콜테 관리'라는 말을 많이 사용하는데, 쇄골 라인을 관리하는 것이다. '쇄골 미인'이라는 말이 있을 정도로 날렵한 일자 쇄골은 여성미를 극대화시킨다. 연말 시상식에서 어깨를 훤히 드러낸 드레스 차림의 여배우들을 보면, 일자로 뻗은 쇄골과 어깨, 날렵한 목선이 몸매를 더욱 돋보이게 한다. 반면 쇄골이 살에 묻혀 있으면 목이 짧고 상체가 부해 보인다.

　요즘은 '넥콜테'라는 새로운 합성어까지 생겼다. 목을 뜻하는 '넥(neck)'과 데콜테를 합친 말로, 목 라인과 쇄골 라인을 함께 관리한다는 의미다. 얼굴과 목, 쇄골 라인은 모두 연결되어 있기 때문에 함께 관리해 피부 노화를 막아 주는 것이 요즘 추세다.

　목 피부는 얼굴 피부에 비해 두께가 훨씬 얇고 피지선이 없어 건조해지기 쉬우며, 근육도 적어 피부 탄력을 유지하기 힘들다. 또한 온종일 머리를 지탱하고 앞뒤 좌우로 많이 움직이기 때문에 주름이 쉽게 생긴다. 간혹 나이가 어린데도 목주름이 진한 사람이 있다. 이십 대에 목에 가로 주름이 생기는 것은 잘못된 생활 습관 때문이다. 오랫동안 고개를 숙이고 책을 읽거나 휴대전화를 내려다보는 습관, 높은 베개를 베고 자는 습관은 쉽게 목주름을 만든다. 또 사십 대 이후에는 노화가 급격히 진행되면서 세로 주름도 함께 생긴다.

　과도한 다이어트 역시 목주름을 유발한다. 살이 빠지면서 피부 두께가 얇은 목 부분이 탄력을 잃고 늘어지기 때문이다. 또한 자외선 차단제를 목에 바르지 않는 화장 습관은 피부에 광노화를 일으켜 주름을 만든다. 잔주름 몇 개를 가볍게 넘기면 점점 그 수가 늘어나고, 그 잔주름들이 굵은 주름으로 자리를 잡기 마련이다. 처음엔 목 위쪽 부위에 생기던 주름이 어느새 아래로 내려가 쇄골 라인에 떡하니 생겨 네크라인이 파인 옷을 입는 게 부담스러워지고 결국엔 목을 드러내는 것조차 꺼리게 된다.

일반적으로 피부 나이는 유분도, 수분도, 모공의 크기, 주름의 정도, 색소 침착, 탄력도, 이렇게 여섯 가지 항목을 종합해 측정하는데, 목 피부 나이도 같은 항목을 적용한다. 지금부터 얼굴과 함께 목도 관리하는 습관을 가지길 권한다.

Dr. 강현영의 beauty comment

목주름 없애는 안티에이징 시술, 울세라 토스

점점 더 굵어지는 목주름 때문에 스트레스가 심한 경우, 또 결혼을 앞두고 있는 신부라서 빠른 시일 안에 목주름을 없애고 싶은 경우라면, 피부과 시술을 통해 목주름을 없앨 수 있다. 피부 근막층에 고강도 집중 초음파 에너지를 전달해 근막층 자체를 리프팅해 주는 것. 동시에 고주파 열에너지를 전달해 콜라겐과 엘라스틴을 재생하면 목주름을 개선하고 늘어진 피부 탄력을 회복할 수 있다.

데콜테 관리로 얼굴까지 밝게

'늦었다고 생각했을 때가 가장 빠른 때'라는 말처럼, 이미 목주름이 생겼다 하더라도 집중적으로 관리하면 옅어질 수 있다. 나이 탓을 하며 이미 늦었다고 생각하는 사람이 있을지 모른다. 하지만 그보다 나이 든 사람 입장에서는 그때부터라도 관리할 수 있으니 부럽다고 할 것이다.

방송에서 배우 A씨가 잠들기 전 숙면에 도움이 되는 오일로 데콜테 부위를 마사지한다고 말해 그녀의 관리법에 세간의 관심이 쏠렸다. 림프 마사지의 일환으로 데콜테 부위에 고여 있는 노폐물을 쓸어 내면 얼굴까지 환해지는 효과가 있다. 데콜테 마사지를 할 때는 피부에 자극을 주지 않고 수분을 듬뿍 공급해 줄 수 있는 크림이나 오일을 사용해야 한다. 또한 중력의 반대 방향으로 쓸어 주는 것이 중요하다.

요즘은 뷰티 기기 홍수 시대다. 꼭 피부관리실에 가서 데콜테 관리를 받지 않더라도 화장품 성분의 흡수율을 높여 주는 뷰티 기기 하나만 있으면, 마사지 효과를 높일 수 있다. 안티에이징 성분이 포함된 크림을 바르고 뷰티 기기로 림프선을 따라 목에서 겨드랑이까지 마사지해 주면 목주름이 개선될 뿐 아니라 얼굴 혈색도 밝아진다.

자외선 지수가 높은 낮 시간, 외출하고 돌아왔는데 목 뒤쪽이 화끈거린 경험이 있을 것이다. 자외선에 무방비 상태로 노출되면 햇빛 화상을 입을 수도 있다. 목 뒤쪽은 자외선을 많이 받는 부위 중 하나다. 2~3시간 간격으로 자외선 차단제를 덧발라 차단 효과를 높여 주는 게 좋다. 또 외출할 때는 물론이고 집에 있을 때에도 얼굴뿐 아니라 목 앞뒤까지 자외선 차단제를 챙겨 바르자.

생활 습관도 중요하다. 목주름을 예방하기 위해서는 낮은 베개를 베도록 하자. 낮은 베개는 혈액 순환을 원활하게 하는 효과도 있다. 또한 고개를 오랫동안 숙이고 있는 자세는 목주름뿐 아니라 거북목 증후군을 만들어 체형 변화와 통증을 유발하기 때문에 피해야 한다. 책을 읽거나 스마트폰을 보거나 모니터를 장시간 보는 경우, 수시로 자세를 체크할 필요가 있다. 목을 숙이고 있는 자세가 오래 지속되면 목 뒤쪽의 근육이 짧아지고, 점점 더 목을 숙이는 자세가 편하게 느껴진다. 이럴 때에는 뒷목 근육을 이완시킬 수 있는 스트레칭을 자주 해 주는 것이 목주름 예방에 도움이 된다.

 데콜테 셀프 마사지

목주름 예방과 개선을 위해서는 넥 케어 전용 크림을 바르고 마사지를 하면 효과가 극대화된다. 넥 케어 전용 크림이 없다면 보습제나 오일을 사용해도 좋다.

① 쇄골 아래 10㎝ 지점에 부채꼴 모양으로 넥크림을 바른다. 가슴 중앙에 두 손을 올린 뒤 손가락 안쪽에 힘을 주어 누르며 양옆의 쇄골 끝 부위까지 지그재그로 마사지한다.
② 한 손은 목 아래에 두고 반대편 손으로 목 중앙 부위를 아래에서 위로 쓸어 올리듯 마사지한다.
③ 고개를 우측으로 돌린 뒤 반대편 쇄골 끝에서 턱 아래 부위까지 쓸어 올린다. 고개를 좌측으로 돌리고 동일하게 실시한다.
④ 정면을 바라보며 귀 뒤부터 쇄골 끝까지 쓸어 준 다음, 쇄골 중앙에서 겨드랑이 방향으로 쓸어 준다.

02 웬만해서 막을 수 없는 똥배, 내장지방부터 잡아라!

마른 비만은 서럽다

팔다리도 길쭉길쭉하고 누가 봐도 날씬한 몸매인데 유독 배만 나온 사람들이 있다. 여름철이 되어 몸에 붙는 미니 원피스 한번 입어 보고 싶어도 보정 속옷 없이는 엄두가 안 나고, 바캉스를 떠나서도 비키니는 꿈도 못 꾸고 똥배를 커버할 수 있는 래시가드에 만족해야 한다. 주위 사람들은 속사정도 모르고 날씬해서 좋겠다고 하는데 칭찬을 들어도 웃을 수가 없다.

팔다리는 가는데 배만 나와 외계인 ET를 닮은 체형을 이른바 '마른 비만'이라고 하는데, 이들 대부분은 체중이 정상이거나 저체중임에도 불구하고 체지방이 정상보다 높게 나타난다. 일반적으로 체질량지수가 25%를 넘으면 비만으로 보는데, 체질량지수를 봐서는 비만이 아니라 하더라도 체지방률이 여성의 경우 30%, 남성의 경우 25%를 넘어서면 마른 비만으로 본다. 결론적으로 말해, 마른 비만이란 필요한 근육은 별로 없고 지방만 많은 상태라고 할 수 있다. 건강검진을 받아 보면 '마른 비만이니 근육량을 늘리고 지방을 줄여야 한다'는 소견을 접하게 된다. 비만은 남의 얘기인 줄 알았는데 뒤통수를 맞은 기분이 들 것이다.

마른 비만의 원인은 무엇일까? 무엇보다 평소 생활 습관이 마른 비만을 만든다고 해도 과언이 아니다. 현대인들의 식습관에 있어서 가장 큰 문제는 불규칙한 식습관과 지방, 탄수화물 위주의 편식이다. 많은 사람들이 아침은 거의 못 먹고 출근해서 점심은 아침에 못 먹은 것까지 지나치게 먹고, 저녁은 이런저런 모임과 약속 등으로 고지방, 고탄수화물의 식사와 술, 디저트까지 먹고, 어떤 날은 야식까지 즐긴다. 그와 동시에 운동량은 턱없이 적다. 직장 생활을 하다 보면 온종일 앉아 있는 데다 스트레스를 받지 않을 수 없고, 또 스트레스를 푼다고 술과 야식까지 즐기다 보면 똥배만 점점 나오게 되는 것은 당연한 일이다. 그래도 몸매에 신경을 안 쓰는 것은 아니어서 폭식을 한 다음 날은 아예 굶어 버린다. 그러다가 결국 못 참고 늦은 저녁에 식욕이 폭발하고 마는 악순환을 반복한다. 게다가 뱃살 뺀다고 원푸드 다이어트를 했다가 다시 살이 찌는 요요 현상을 반복하고 나면, 그나마 있던 근육마저 사라지고 체지방만 쌓인다.

그럼 이제 숨을 내쉬고 편한 자세로 자신의 허리둘레를 재어 보자. 남성은 90cm 이상, 여성은 85cm 이상이면 복부 비만과 내장지방의 위험이 높다고 할 수 있다. 내장지방이 있는지 알아보는 또 다른 방법은 뱃살을 손으로 잡아 보는 것이다. 손가락으로 뱃살을 잡았을 때 두껍게 잡히면 피하지방이지만, 잡히지 않는데 볼록 나온 뱃살은 내장지방이 원인인 경우가 많다.

똥배의 원인, 내장지방

마른 비만인 사람에게 체지방률이 높다고 아무리 말을 해도 사실 와닿지 않을 것이다. 겉으로 보기에 어쨌든 말랐는데, 비만보다 위험하랴 싶어 무신경하게 지나갈 수 있다. 근육의 중요성, 내장지방의 심각성을 간과하고 있기 때문이다.

근육은 우리 몸의 인슐린 저항성을 떨어뜨리고 혈압 조절을 돕는다. 그래서 체지방이 많고 근육이 거의 없다면 당뇨에 걸리기 쉽고 혈액 순환이 원활히 이루어지지 못해 혈관 질환과 심장 질환이 생기기 쉽다. 체중과 체지방률을 함께 체크하는 것은 이런 위험 때문이다.

마른 비만을 피해야 하는 이유 중 하나는 바로 내장지방 때문이다. 사람의 지방은 크게 피하지방과 내장지방으로 나뉜다. 이 중 피하지방은 피부 아래에 있어 영양분을 저장하고 충격을 흡수하고 저체온증을 막아 준다. 반면, 내장지방은 간이나 위 등 내장 속에 껴 있는 지방이다. 내장지방은 혈중 콜레스테롤, 중성지방, 인슐린 저항성을 높이고 염증 전달 물질을 다량 분비해 당뇨는 물론 고혈압, 고지혈증, 동맥경화 같은 혈관 질환을 유발한다.

내장지방이 많으면 얼굴 피부도 늙는다. 내장지방이 혈관을 막아 우리 몸 가장 바깥쪽에 있는 피부까지 혈액 공급이 원활히 되지 않기 때문이다. 산소나 영양분이 제대로 공급되지 않으면 피부 재생 속도는 떨어질 수밖에 없다. 따라서 피부는 거칠어지고 주름은 더 늘어난다. 사실 내장지방 1kg은 피하지방 5kg과 맞먹는 위험도를 가지고 있다.

또한 내장지방은 여성들에게 유방암과 난소암을 일으키기도 한다. 내장지방은 중성지방을 증가시켜 콜레스테롤을 합성하고, 이로 인해 에스트로겐이 증가해 여성 호르몬의 영향을 받는 유방암과 난소암 위험을 증가시키는 것이다.

마른 비만이라면 식생활부터 점검해야 한다. 불규칙한 식사는 기초대사량을 감소시키고, 고탄수화물, 고지방식은 지방세포를 커지게 만든다. 그렇다고 채소와 과일만 먹으면 단백질이 부족해 근육량은 더 줄어든다. 육류와 등푸른생선, 콩류 등 단백질과 채소, 해조류를 골고루 식단에 포함시키자. 특히 등푸른생선에 들어 있는 DHA와 EPA 등 불포화지방산은 콜레스테롤과 중성지방 수치를 낮춰 준다. 술자리는 되도록 자제해야 한다. 술 마실 때 없어서는 안 되는 안주가 결국 몸속 내장지방의 원인이 되기 때문이다.

또한 평소 바른 자세로 앉고 서는 게 중요하다. 지금 내가 어떻게 앉아 있는지 점검해 보자. 의자 끝에 엉덩이만 걸치고 등은 의자 등받이에 거의 눕듯이 젖힌 자세는 아닌지. 서 있는 자세는 또 어떤가. 배는 내밀고 등은 굽은 자세인 경우가 많을 것이다. 이러한 자세로 앉고 서면 뱃살이 붙기 쉽다. 뱃살을 빼고 싶다면 당장 앉고 서는 자세부터 바꾸자. 앉을 때는 의자 등받이에 엉덩이를 붙이고 등은 등받이에서 조금 뗀 자세가 좋다. 사무실 책상 앞에 앉아 있을 때, 지하철이나 버스를 기다리느라 서 있을 때 등 일

TIP 복부 근육을 자극하는 코르셋 호흡법

코르셋 호흡법을 제대로 하면 잘 사용하지 않던 복부 근육을 자극해 신진대사가 활발해지고 뱃살이 빠진다. 마치 코르셋을 두른 것처럼 밴드나 수건 등을 갈비뼈 주위에 감고 하는 호흡법으로, 요가의 복식 호흡법과 웨이트 트레이닝의 흉식 호흡법을 융합한 것. 시간 날 때마다 한 세트에 5번씩 3~5세트 정도 하는 게 좋다.

① 스트레칭 밴드나 수건, 벨트 등으로 갈비뼈 즉 늑골 주위를 둘러싼다.
② 두 손으로 밴드를 느슨하게 잡고 코로 최대한 크게 숨을 들이마신다. 이때 갈비뼈를 최대한 크게 늘려 주어야 한다.
③ 배꼽이 등에 닿는다는 느낌이 들도록 숨을 입으로 끝까지 내뱉으며 밴드를 조인다. 크게 열린 갈비뼈를 닫아 주면서 공기를 끝까지 짜내는 것이다.

상생활 속에서 생기는 잠깐의 여유 시간에 틈틈이 드로인(draw in) 운동을 하면 복부 근육을 키울 수 있어 내장지방 감소에 효과적이다. 드로인 운동이란 배꼽이 등에 붙는다는 느낌으로 힘을 주고 30초간 버티는 것이다.

아울러 운동은 필수다. 비만의 큰 원인 중 하나는 스트레스다. 운동은 스트레스를 감소시키는 효과도 있다. 하루에 30분 이상 걷기, 수영이나 등산 등 유산소 운동을 해 지방을 태우고, 웨이트 트레이닝으로 근육량을 증가시켜야 한다. 집에서도 할 수 있는 플랭크 동작으로 복부 비만에서 벗어나자.

일상생활 속에서 자주 몸을 움직이는 습관을 기르는 것도 좋다. 가까운 거리는 차를 타는 대신 걷고, 엘리베이터를 타기보다는 계단을 이용하는 습관은 기초대사량을 늘린다.

지방세포가 커지는 것을 막는 로즈마린산

성장기에 지방세포의 수가 결정되고, 성인이 되면 지방세포의 크기가 커진다. 마치 태아가 모체로부터 영양분을 공급받듯이, 지방세포는 혈관을 새로 만들어 영양분을 흡수해 자신을 더 키운다. 따라서 지방의 크기를 줄이려면 신생 혈관 생성을 막아야 한다. 이 역할을 하는 것이 바로 로즈마린산이다. 로즈마린산은 지방세포로 영양을 공급하는 신생 혈관 생성을 억제해 지방세포를 작아지게 만들어 체지방 감소를 돕는다.

로즈마린산은 꿀풀과의 식물에 풍부하게 들어 있는 성분이다. 폴리페놀 화합물의 하나로 항염, 항균 작용 등을 한다. 또한 활성산소를 억제하는 항산화 작용을 해 피부 노화와 성인병을 막아 준다.

로즈마린산이 들어 있는 대표적인 식물이 레몬밤이다. 잎에서 강한 레몬

향이 나는 레몬밤은 유럽과 서아시아 지중해 연안에서 2000여 년 전부터 재배해 온 식물이다. 레몬밤은 여성 호르몬의 영향을 받는 유방암과 난소암의 위험을 줄여 준다. '근대 의학의 개척자'로 불리는 스위스의 의사이자 화학자 파라켈수스는 레몬밤을 '생명을 연장시키는 불로장생의 묘약'이라고 극찬하기도 했다.

레몬밤에 들어 있는 로즈마린산은 앞서 말했듯이 지방세포의 크기를 키우는 신생 혈관의 생성을 막을 뿐 아니라, 탄수화물을 분해하는 데 필요한 말타아제의 분비를 억제해 포도당이 지방으로 저장되지 않고 체외로 배출되게 한다.

체중 조절을 위한 로즈마린산 하루 섭취 권장량은 약 32.4mg으로 레몬밤 차 50잔 분량에 해당된다. 차를 그만큼 많이 마시기 어려우므로 농축 분말 형태로 섭취하고 있는 추세이다.

03 시어버터로 내장지방 아웃!

마른 비만이 주목해야 할 시어버터

누가 봐도 날씬해 보이는데 건강검진 결과 '마른 비만'이라는 진단을 받는 사람들이 늘고 있다. 앞서 짚어 본 대로 마른 비만이란 정상 체중이지만 체지방률이 높다는 것. 조금씩 뱃살이 붙어 고민이긴 했지만, 막상 마른 비만이란 결과를 들으면 몸도 마음도 무겁기만 하다.

마른 비만으로 고민에 빠진 사람들에게 추천하고 싶은 식품 중 하나가 바로 시어버터다. 바디로션 등 화장품에 들어 있는 성분으로 이미 익숙한 사람들이 많을 것이다. 그동안 시어버터는 화장품이나 바디용품에 함유된 성분으로 많이 인식되어 왔지만, 요즘은 유기농 시어버터가 식재료로도 이용되고 있다.

시어버터는 시어나무의 열매에서 추출한 식물성 기름으로 식용이 가능하며, 상처 재생 효과가 뛰어나 아프리카에서 민간 치료제로 오랫동안 사용되어 왔다. 아프리카의 메마른 기후 속에서 살아가는 여성들에게 최고의 보습제로 자리매김하고 있을 정도로 보습력과 피부 진정 효과가 뛰어나 주로 핸드크림, 바디크림, 로션 등에 보습제나 연화제로 사용된다. 또한 아이들이 주로 사용하는 보습용 멀티밤에 시어버터 성분이 들어가 있는 경우가 많다. 천연 식물성 보습제인 만큼 피부에 자극을 주지 않아 아토피 환자들도 사용이 가능하다.

지방은 살이 찐다고 생각해 무조건 지방을 먹지 않는 사람들이 있다. 그런데 살이 찌도록 만드는 것은 동물성 지방, 즉 포화지방이다. 곰국을 끓여서 식혀 두면 하얀 기름이 마치 겨울철 강 위에 언 살얼음처럼 굳어 있는 걸 볼 수 있다. 이것이 바로 포화지방이다. 포화지방은 나쁜 콜레스테롤의 재료가 되어 여러 가지 성인병을 유발한다.

반면 식물성 지방, 즉 불포화지방은 콜레스테롤 수치를 낮춰 준다. 시어버터 속에는 다이어트에 좋은 식물성 불포화지방산이 호두보다 약 두 배 더 많이 들어 있어 내장지방을 분해하는 데 도움을 준다. 건강한 지방으로 나쁜 지방을 분해하는 셈이다. 불포화지방산 중 올레산은 항산화 효과가 있어 노화 방지에도 효과가 있다.

시어버터에는 식물스테롤이라고도 하는 파이토스테롤이 올리브 오일의 약 1.6배, 포도씨 오일의 약 1.9배나 들어 있다. 파이토스테롤의 주성분인 베타시토스테롤은 콜레스테롤과 구조가 매우 유사해, 콜레스테롤의 흡수를 막는다. 노화로 인해 여성은 에스트로겐, 남성은 테스토스테론이 감소하면서 내장지방이 쌓여 뱃살이 생기기 쉬운 환경이 되는데, 파이토스테롤이 내분비계의 호르몬 균형을 잡아 주어 내장지방이 쌓이는 것을 예방해 준다.

그렇다면 시어버터를 어떻게 섭취하면 좋을까? 집에서 간단히 토스트를 할 때 팬에 시어버터 한 스푼을 녹인 뒤 빵을 노릇노릇하게 구워 먹으면 고소한 향이 입맛을 돋워 준다. 지지고 볶고 튀기는 요리를 할 때 시어버터를 기름 대신 사용해도 좋다. 불포화지방산은 포만감을 유지하는 데 도움을 준다. 고지방 저탄수화물 다이어트를 할 때 마시는 '방탄 커피'도 시어버터로 만들 수 있다. 원두커피에 시어버터 한 스푼을 넣어서 마시는 것이다. 내장지방을 분해하고 식욕을 억제할 뿐 아니라 변비 해소에도 좋다.

시어버터를 먹는다고 무조건 뱃살이 빠질 거라 생각하면 오해다. 마른 비만을 탈출하려면 달리기 등의 유산소 운동과 부족한 근육량을 늘려 주는 근육 운동이 수반되어야 한다. 꾸준한 식단 조절과 시어버터 섭취, 운동을 병행하면 체지방 감소, 허리둘레 감소라는 놀라운 효과를 보게 될 것이다.

TIP 불포화지방산이 풍부한 음식

1. 아보카도

슈퍼푸드로 오랫동안 각광받고 있는 아보카도. 아보카도는 항산화 성분인 폴리페놀이 풍부할 뿐 아니라 11종의 비타민과 14종의 미네랄이 들어 있다. 아보카도는 80% 이상이 식물성 불포화지방산으로 이루어져 있다. 불포화지방산은 혈관 속 콜레스테롤과 중성지방 수치를 낮춰 주는 혈관 청소부 역할을 한다. 시어버터와 마찬가지로 아보카도 속에도 콜레스테롤 흡수를 막는 베타시토스테롤이 풍부해 성인병 예방에 탁월한 효과가 있다. 또한 칼륨이 많이 함유되어 있어 우리 몸속 나트륨을 배출시키는 데 도움을 준다. 아보카도를 저온 압착해서 만든 아보카도 오일이 요즘 인기를 끌고 있는데, 발열점이 높아 샐러드는 물론 튀김 요리에도 사용할 수 있다.

2. 견과류

호두, 아몬드, 피스타치오, 마카다미아 등 견과류는 건강 식품으로도 인기가 높아 하루 먹을 분량만큼 포장된 제품을 이용하는 사람들이 많다. 견과류에는 식물성 오메가 3 지방산, 알파 리놀렌산이 풍부해 우리 몸에 해가 되는 LDL 콜레스테롤 수치를 낮춰 주고, 몸에 좋은 HDL 콜레스테롤을 유지시키도록 돕는다. 그뿐만 아니라 뇌 건강을 지키는 데 견과류가 도움이 된다는 것은 이미 잘 알려진 사실이다. 혈액 순환을 원활하게 해 두뇌에 영양이 잘 공급되도록 하며, 뇌세포에 쌓이는 노폐물을 제거해 기억력과 집중력을 유지하도록 돕기 때문이다. 단, 견과류는 많이 먹으면 오히려 살이 찌기 때문에 적정량만 섭취한다.

3. 등푸른생선

지방은 무조건 살이 찐다는 편견으로 무조건 지방을 먹지 않으면 우리 몸의 영양 균형이 깨져 피부가 건조해지고 면역력이 감소하는 등 부작용이 생긴다. 살이 찌는 것이 걱정이라면 살이 찌지 않는 지방을 골라서 먹는 것도 하나의 방법이다. 생선에는 살이 찌지 않는 지방, 즉 EPA, DHA 등 동물성 불포화지방산이 풍부해서 할리우드 스타들도 몸매 관리를 위해 생선을 즐겨 먹는다. 동물성 불포화지방산은 특히 연어, 고등어, 삼치 같은 등푸른생선에 많이 들어 있는데, 혈관에 좋은 HDL 콜레스테롤을 증가시키고 혈액을 맑게 만들어 혈관 질환을 예방하며 두뇌 건강에도 도움이 된다.

다이어트 중이라고 해도 달콤한 간식의 유혹을 뿌리치기 힘들다. 그럴 때 시어버터와 코코아 가루, 견과류만 있으면 비싼 돈 주고 사 먹던 초콜릿 견과류 바를 내 취향대로 만들어 먹을 수 있다. 다이어트와 건강, 두 마리 토끼를 잡을 수 있으니 일석이조의 효과란 바로 이런 것.

재료: 시어버터, 코코아 가루, 견과류
① 코코아 가루와 시어버터를 1:2 비율로 섞고 촉촉해질 때까지 저어 준다.
② 촉촉해진 코코아 반죽에 견과류를 적당량 넣고 섞어 준다.
③ 반죽을 얼음 틀에 담아 냉장고에서 3~4시간 정도 굳혀 준다.

September

9월

#화이트닝

#손 주름

#글루타티온

01

잡티 없는 무결점 윤광 피부

피부를 칙칙하게 만드는 색소 침착

자외선이 기승을 부리던 여름이 물러가고 나면 남은 것은 기미, 주근깨, 잡티뿐이라 했던가. 까무잡잡하거나 얼룩덜룩하거나, 둘 중 하나인 얼굴로 병원 문을 여는 환자들이 많아진다. 지난여름 햇빛이 얼굴 위에 그려 둔 그림이라면 지우개로 쓱쓱 지우면 그만일 텐데, 피부 깊숙이 새겨 둔 터라 쉽사리 지워지지도 않는다. 커버력과 지속력이 뛰어나다고 입소문난 파운데이션이며 컨실러로 이중 삼중 가려도 보지만 그때뿐이고, 클렌징한 뒤 얼굴을 보면 깊은 한숨에 땅이 꺼질 것만 같다.

누구나 잡티 없는 무결점 피부를 원하지만 그것이 쉽지 않은 것은 기미, 주근깨 등 색소 침착 때문이다. 기미는 경계가 불분명한 노란색 혹은 갈색 반점을 가리킨다. 흔히 '기미가 낀다'고 표현하는 것은 안개가 끼듯 피부 여기저기에 흐릿하게 자리 잡기 때문이다. 기미의 원인 중 하나는 멜라닌 색소의 침착이다. 우리 피부의 기저층에는 멜라닌 세포가 있어서 피부색을 결정한다. 멜라닌 세포는 멜라닌 색소를 만들어 자외선이 피부 깊숙이 침투하는 것을 막는다. 피부가 햇빛을 받아 짙은 색으로 변하는 현상은 피부 세포를 보호하기 위해 일종의 자외선 차단막을 만드는 것이다. 먹는 기미 치료제의 원리는 멜라닌 색소의 침착을 막는 것이며, 고가의 화이트닝 화장품에는 멜라닌 색소가 침착되는 걸 억제하는 성분이 들어 있다.

기미가 생기는 두 번째 이유는 여성 호르몬인 에스트로겐 때문이다. 임신을 하거나 피임약을 복용하면 기미가 확 늘어나는데, 이는 에스트로겐에 의해 멜라닌 세포가 자극을 받은 것이다.

햇빛을 많이 받지도 않았고 임신을 하거나 피임약을 복용한 것도 아닌데 갑자기 기미가 많이 생겼다면 호르몬 대사 작용을 돕는 간이나 신장의 기능이 떨어진 것일 수 있다. 만성 피로나 수면 부족, 스트레스도 기미의 원인이 된다. 또한 스마트폰이나 태블릿PC 사용이 증가하면서 블루라이트가 멜라닌 세포를 자극해 피부에 색소 침착을 일으키는 경우도 늘고 있다.

주근깨는 기미와는 조금 다르다. 주근깨는 옅은 갈색을 띠며 유전적 영향으로 생기는 경우가 많다. 독일어로 '여름 새싹'이라는 귀여운 이름이 붙은 주근깨는 다섯 살 이전부터 생기기도 하고 사춘기가 되면 많아졌다가 성인이 되면 감소한다. 여름에는 자외선의 영향으로 색이 짙어지고 겨울에는 옅어지는 게 특징이다.

Dr. 강현영의 beauty comment

빨간 머리 앤의 주근깨, 없앨 수 있나?

소설이자 TV 만화로도 만들어졌던 《빨간 머리 앤》의 주인공 앤을 떠올리면, 콧등을 사이에 두고 양 볼 위에 깨알같이 뿌려져 있는 주근깨가 생각난다. 주근깨는 앤에게 귀여운 말괄량이 이미지를 더해 준다. 하지만 매력 포인트일 수도 있는 주근깨가 정작 앤에게는 콤플렉스였다. 앤과 같은 고민으로 주근깨를 없애기 원한다면 피부과 시술로 가능하다. 피부 진피층 아래 멜라닌 세포를 파괴하는 것이다. 기미도 마찬가지로 멜라닌 세포를 파괴하고 콜라겐과 엘라스틴 생성을 자극하는 치료가 효과적이다. 일반적으로 주근깨가 기미보다 치료 효과가 좋은 편이다.

검버섯, 피부암일 수도 있다고?

검버섯은 흔히 '저승꽃'이라는 무시무시한 이름으로 불리기도 한다. 얼굴뿐 아니라 손등이나 팔에도 많이 생긴다. 보통은 노년층에게 많이 생겨서, 자녀들이 효도 선물로 검버섯과 점을 제거하는 시술을 해 드리는 경우도 종종 있다. 그런데 검버섯이 꼭 노년층에만 생기는 것은 아니다. 자외선에 많이 노출되면 나이를 막론하고 생길 수 있으며, 부모가 검버섯이 많다면 자식도 검버섯이 많이 생기는 것으로 보아 유전적 영향도 있다.

검버섯은 노화와 자외선에 의해 피부 각질세포가 변형되어 생기는 양성 종양이라고 할 수 있다. 피부 의학에서는 '노인성 흑자'라고 하는데, 피지선이 많은 곳에 생기며 간혹 불룩 튀어나오기도 한다. 중요한 것은 검버섯이 생기면 시간을 끌지 말고 바로 피부과를 찾아야 한다는 것. 일찍 제거하면 효과가 높고 재발을 줄일 수 있기 때문이다.

'몸에 점이 많은 사람이 오래 산다'는 속설을 믿고 검버섯이나 점을 방치하는 사람들도 있다. 물론 틀린 말은 아니다. 영국의 한 대학교 연구진이 900쌍의 쌍둥이를 대상으로 조사한 결과, 온몸에 점이 100개 이상인 사람들이 자신보다 점이 적은 쌍둥이 형제자매에 비해 6~7년 더 장수하는 것으로 나타났다고 하니 말이다. 의학적으로 설명하면 이렇다. 모든 세포의 염색체 끝에는 '텔로미어'라는 DNA 다발이 있다. 텔로미어는 노화 과정에서 점차 소멸되는데, 점이 많은 사람에게는 아주 큰 텔로미어 저장소가 있어서 보다 장수한다는 것이다.

하지만 점이나 검버섯 중에는 피부암이 아닌지 의심해 봐야 하는 것들도 있다. 피부과 의사도 육안으로 구분하기 어려운 게 사실이다. 점이나 검버섯은 주로 둥근 원 모양으로 좌우 대칭이고 색깔이 일정하며 크기가 서서히 커진다. 모양이 비대칭이거나 경계가 모호하고 색깔이 일정하지 않고 진물이 난다면 피부과 진료를 받기를 권한다. 피부암과 관련이 있을 수 있기 때문이다. 피부암이라 하더라도 조기에 발견하면 비교적 쉽게 치료할 수 있다. 그러나 피부암의 일종인 흑색종을 점이나 검버섯인 줄 알고 방치했다가는 생명까지 잃을 수 있다.

TIP 시금치 팩으로 검버섯을 예방하자!

멜라닌 색소가 짙어져 눈에 보이는 것만이 검버섯 같은 피부 색소 침착의 전부가 아니다. 아직 피부 위로 올라오지 않은 색소들도 많다. 멜라닌 색소가 올라오지 않도록 미리 관리해 주어야 하는 이유이다. 시금치에 들어 있는 비타민C는 피부 노화를 막아 줄 뿐만 아니라 활성산소와 색소를 제거해 주는 효과가 탁월하다.

재료: 시금치 한 줄기, 달걀흰자 1/2, 꿀, 밀가루
① 시금치 한 줄기를 절구에 빻아 준다.
② 곱게 빻은 시금치에 달걀흰자와 꿀 1티스푼을 넣고 섞는다. 꿀은 보습 효과를 더해 주는데, 민감한 피부라면 알레르기 반응이 없는지 손등에 테스트한 뒤 사용하기를 권한다.
③ 밀가루를 적당량 넣어 팩의 농도를 조절한다.
④ 얼굴에 팩을 바르고 건조를 막기 위해 랩으로 덮어 준 뒤, 15분 정도 뒤에 물로 깨끗이 씻는다.

미백으로 윤광 피부 만들기

프랑스 여성들은 유럽 여성들 중에서도 유난히 피부가 매끄럽고 광이 난다. 메이크업으로 인위적인 광을 내는 것이 아니라 피부 자체에서 매끄러운 윤광이 올라온다. 아무래도 일찍부터 피부 관리를 시작하기 때문일 것이다. 대부분의 프랑스 여성들은 단골 피부과를 정해 두고 자신의 피부 상

태를 점검하며 클렌징이나 보습 등 피부 관리법에 대해 상담하고 정보를 얻는다.

앞에서도 말했지만 보통 25세 이후 피부 노화가 시작된다. 따라서 어릴 때부터 자외선 차단제를 사용하고 세안을 철저히 해서 각질을 주기적으로 제거해 주는 것이 좋다. 삼십 대가 되면 미백 관리를 시작해야 한다. 본격적인 색소 침착이 일어나고 주름도 생기기 때문이다. 나도 여름이 되면 화이트닝 제품 바르는 것을 잊지 않는다.

무엇보다 맑고 투명한 윤광 피부를 만들기 위해서는 자외선을 꼼꼼히 차단하는 것이 필수다. 자외선 차단제 중에서도 차단 지수가 높은 것을 선택하도록 한다. 자외선 차단제를 바를 때 기억해야 할 세 가지를 다시 한번 강조하고 싶다. 첫째, 외출하기 30분 전에 바를 것. 둘째, 500원짜리 동전 크기만큼 충분한 양을 바를 것. 셋째, 2~3시간마다 덧바를 것. 자외선 차단제의 차단력은 햇빛에 노출되는 순간부터 떨어진다. 게다가 아무리 꼼꼼하게 만들어 놓은 자외선 차단막도 시간이 지날수록 땀과 피지로 인해 구멍이 뻥뻥 뚫린다는 사실을 잊지 말자.

자외선에 많이 노출된 날은 우유로 마사지를 해 주자. 우유는 피부에 유막을 형성해서 촉촉함을 더해 주고, 젖산 성분으로 미백에 도움을 준다. 냉장고에 유통기한이 살짝 지나 마셔도 되는지 애매한 우유가 있다면 버리지 말자. 젖산이 발효되면 천연보습인자인 AHA 성분이 만들어지는데, 이는 각질 제거와 미백, 보습 효과를 높인다. 단, 우유가 완전히 상해 걸쭉한 침전물이 생겼다면 세균 감염의 우려가 있으니 사용해선 안 된다.

맑고 투명한 윤광 피부를 결정하는 것은 피부 톤이 70%, 피부 결과 수분도가 30%를 차지한다. 피부가 건조하면 자외선에 의해 피부 장벽이 쉽게 무너지고 멜라닌 세포가 활발하게 움직이게 된다. 수분크림을 덧발라 주어 피부가 건조할 틈이 없도록 하고, 멜라닌 생성을 억제하는 화이트닝 제품으로 미백 효과를 높이자. 레티놀, 비타민C, 알부틴 등 안티에이징 성분의 기능성 화장품은 노화를 막고 피부 결을 개선시켜 무결점 윤광 피부를 만들어 준다.

얼굴을 밝고 환하게 만들기 위해서는 비타민C를 섭취하는 것도 중요하다. 비타민C가 풍부한 깔라만시는 필리핀, 말레이시아 등 동남아시아에서 많이 나는 열대성 작물이다. 깔라만시는 흔히 감귤류의 하얀 속껍질에 들어 있는 헤스페리딘 성분을 매우 풍부하게 함유하고 있어 체지방 감소에도 효과적이다. 이뿐 아니라 자외선으로 인한 피부 노화를 늦추고 멜라닌 색소의 생성을 억제해 기미나 주근깨, 잡티 등 색소 침착을 개선하는 데 도움을 준다.

요즘은 깔라만시 원액, 분말, 젤리 등이 많이 상품화되어 판매되고 있다. 가급적 유기농으로 생산되어 위생적인 공정 과정을 거친 깔라만시 제품을

TIP 미백을 위한 홈메이드 레몬 워터

멜라닌 색소의 형성을 억제하고 자외선에 의해 생기는 기미나 잡티를 예방하는 비타민C. 여름철엔 특히 비타민C 섭취가 매우 중요하다. 비타민C와 구연산, 레티놀, 베타카로틴 등 피부에 좋은 성분이 듬뿍 들어 있는 레몬으로 새콤한 레몬 워터를 만들어 수시로 마시면, 몸속 노폐물도 배출되고 피로 회복에도 좋다. 피부도 맑아지고 디톡스도 하는 일석이조의 효과가 있는 셈. 더구나 신맛이 강한 레몬은 의외로 우리 몸의 pH를 알칼리화해 준다. 레몬 워터를 만들어 냉장고에 넣어 두고 휴대용 병에 담아 수시로 마시는 습관을 들이면 피부 미인에 한걸음 가까워질 것이다.

재료: 레몬 2개, 녹차 티백
① 레몬을 베이킹소다로 박박 문질러 깨끗하게 씻은 뒤 슬라이스해 준다. 이때 레몬 씨는 오래 두면 쓴맛을 낼 수 있으니 빼 주는 게 좋다.
② 녹차 티백을 물에 우려낸다. 녹차는 피부 노화를 억제할 뿐 아니라 우리 몸에 지방이 쌓이는 것을 억제하는 카테킨 성분을 함유하고 있다. 또한 항암 효과도 탁월하다.
③ 잘 우려낸 녹차에 슬라이스한 레몬을 넣으면 레몬 워터가 완성된다.

선택하는 게 좋다. 단, 미백과 색소 침착 개선에 좋다고 해서 깔라만시를 원액 그대로 마셨다가는 위장 장애를 일으킬 수 있다. 매우 신맛이 나기 때문에 물과 깔라만시를 9대 1 정도 비율로 희석해서 마셔야 한다.

하얀 피부일수록 자외선에 민감하고 색소 침착도 더 쉽게 일어난다. 평소 항산화 성분이 있는 과일을 많이 섭취해 자외선에 의한 세포 손상을 막자. 마키베리, 크랜베리, 블루베리, 아사이베리 등 베리류에 풍부하게 들어 있는 항산화 성분 안토시아닌은 손상된 피부를 회복시켜 노화를 늦춘다.

피부에 기미나 주근깨, 검버섯이 있다면 미백 관리를 아무리 열심히 해도 티가 나지 않는다. 색소가 침착된 피부를 되돌리는 방법은 피부과 문을 두드리는 것. 미백크림을 처방받아 바르거나 레이저 시술로 기미, 주근깨, 검버섯 등을 제거하는 것이다. 표피의 문제냐 안쪽 진피층의 문제냐에 따라 시술 시간과 회복 기간은 조금씩 달라질 수 있다.

02 방부제 미모라도 나이를 속일 수 없는 손

나의 손 나이는?

미국의 한 패션 잡지에 할리우드 미녀 스타의 손 사진을 보고 실제 나이를 추측해 보는 기사가 실렸다. 손의 주인공은 배우 니콜 키드먼, 팝의 여왕 마돈나, 〈위기의 주부들〉에 출연했던 마르시아 크로스, 그리고 소피아 로렌이었다. 그중 대조되는 두 사람이 있었으니, 마돈나와 소피아 로렌이었다. 마돈나는 실제 나이는 오십 대 후반이지만 손 나이는 칠십 대였고, 소피아 로렌은 마돈나보다 스무살 이상 연상임에도 불구하고 손 나이는 오십 대로 나타나 서로 상반된 결과를 보여 줬다.

동안이 일반화된 요즘, 나이를 속일 수 없는 신체 부위를 들자면 목과 손이다. 직업이 피부과 의사다 보니 사람을 만나면 얼굴 피부를 유심히 보고, 그다음으로 손을 본다. 손을 보면 나이를 대략 알 수 있기 때문이다. 얼굴 피부는 탱탱한데 손등은 주름지고 힘줄이 불거져 노화한 경우를 종종 보게 된다. 그만큼 손등의 노화는 숨기기 힘들다.

함께 방송 촬영을 했던 유명 쇼호스트 Y씨는 "손 관리에 무척 공을 들인다"라고 말했다. 브라운관에 손이 클로즈업되어 비춰지는 손 전문 모델이나 쇼호스트는 얼굴만큼이나 손 관리에도 시간과 노력을 들인다. 얼굴용 기초 화장품과 세럼, 에센스, 아이크림까지 동원해 손을 관리하는 것이다. 각질 제거를 위한 스크럽은 물론, 뷰티 기기로 화장품 속 영양 성분이 깊숙이 흡수되도록 마사지하는 것도 잊지 않는다.

　반면에 우리는 손 관리를 어떻게 하고 있나. 핸드크림 한번 바르는 것에도 인색하고, 자외선 차단제도 바르지 않아 강한 자외선에 그대로 노출되어 그을리고 검버섯이 피어 있지는 않은가. 또 설거지도 맨손으로 척척 해내는 '쿨한' 여자가 되어 있지는 않은가. 지금 내 손을 가만히 들여다보자. 윤기가 나고 보들보들 촉감도 좋으며 주름도 많지 않은 매끈한 손인가? 아니면 거칠거칠 트고 허연 각질이 쌓이고 손끝이 갈라지고 마디가 굵은 주름투성이 손인가?

　내가 아는 지인 중 하나는 미국 여행을 위해 입국 심사를 받는데, 손이 너무 거칠어서 지문 인식이 되지 않아 애를 먹었다고 한다. 비즈니스 파트너를 만나 악수를 할 때도 손이 건조하고 거칠거칠하다면 좋은 첫인상을 주기 힘들 것이다. 이제부터라도 그동안 소홀했던 손 관리에 관심을 기울이면 어떨까.

늘 젖어 있는 손, 얼굴보다 빨리 늙는다

　손 안 대고 할 수 있는 일이 있을까? 종종 "그 정도는 발로도 하겠다!"라는 농담을 하기도 하지만, 실제로 손이 하는 일은 너무 많다. 어쩌다 손을 다쳐 깁스를 해 본 사람이라면 뼈저리게 공감할 것이다. 세수하기, 화장하기, 젓가락질하기, 자판 두드리기 같은 일상적인 행동에서 엄청난 불편을 경험하고 나서야 '소중한 내 손'에 관심을 기울이게 된다.

그러나 그것도 잠시뿐. 깁스를 풀고 나면, 건조한 손에 핸드크림은 하루에 한 번 바를까 말까이고, 내리쬐는 자외선에 손을 그대로 노출하기 일쑤다. 얼굴에 비치는 자외선을 가리려고 손을 이마에 올릴 때, 손등은 얼굴을 막는 방패가 되어 무방비 상태로 자외선을 흡수한다. 그러니 콜라겐은 급속히 감소하고 얇은 피부는 더 얇아져 힘줄이며 혈관이 불거지고 검버섯이나 잡티가 생기며 쪼글쪼글 주름이 생길 수밖에. 이처럼 '손은 얼굴보다 빨리 늙는다'는 사실에 우리는 너무 무관심하다.

삼십 대까지는 문제의 심각성을 깨닫지 못한다. 그러니 더욱 손 관리에 소홀하고, 사십 대가 된 어느 날 피부 관리 사각지대에 있던 손에 찾아온 급격한 노화를 발견하게 된다. 늦었다고 생각할 때가 가장 빠른 때라고, 이때부터라도 손을 가꾸기 시작하면 그나마 다행이다. 대부분은 그저 귀찮다는 핑계로 핸드크림과 자외선 차단제 바르기를 실천하지 않는다. 그러다가 오십 대가 되면 손끝이 갈라져 물만 닿아도 따갑고, 마디마디에 더 굵은 주름이 새겨진다. 다른 사람 앞에 손을 보일 일이라도 생기면 슬며시 가리고만 싶어진다.

손은 하루에도 수도 없이 물에 닿기 때문에 주부습진, 손 건조증, 한포진, 손톱 무좀 등 피부 질환이 잘 생긴다. 주부습진은 손가락 안쪽 피부가 벗겨지고 가렵고 갈라지는 염증성 피부 질환이며, 손 건조증은 피부가 얇아지면서 피부 보호막이 손실되어 더욱 건조해지고 주름지며 쩍쩍 갈라지는 증상이다. 한포진은 손바닥에 깨알 같은 수포가 생기고 진물이 나며 가려운 습진성 피부 질환으로, 요즘 흔하게 발병한다. 손톱 무좀은 손톱 색이 노랗게 변하고 두꺼워지며 심하면 부서지기도 하는데, 전염성이 있다.

손에 생기는 피부 질환들 대부분은 만성 피부 질환으로 한번 생기면 자주 재발한다. 그러므로 손에 피부 질환이 생겼다면 서둘러 치료를 받는 게 좋다. 저절로 호전되리라 생각하면 오산이다. 손은 물이 많이 닿는 부위이기 때문에 상태가 더욱 악화될 수 있기 때문이다.

평소 맨손으로 음식을 만들거나 설거지를 하는 습관이 있다면 지금부터는 위생장갑과 고무장갑을 끼기 바란다. 내 손 피부가 무방비 상태로 자극적인 양념과 온갖 기름, 주방세제까지 흡수하는 것은 피해야 한다. 손을 씻을 때는 알칼리성 비누보다는 자극이 적은 약산성 비누를 사용해 피부의 pH를 유지하도록 하고, 여분의 화학 성분이 피부를 손상시키지 않도록 물로 깨끗이 헹궈 주도록 한다.

손 관리, 이렇게 시작하자

우리는 화장실에 다녀온 뒤는 물론, 외출했다가 귀가해서, 또 음식을 먹기 전 등 하루에도 여러 차례 손을 씻는다. 손을 자주 씻는 것은 위생 면에서 좋은 습관이다. 그런데 손은 피지선이 발달해 있지 않고 다른 부위에 비해 피부도 얇은 데다 손 세정제에 들어 있는 계면활성제 성분 때문에 쉽게 건조해진다.

손이 건조해지는 것을 막으려면 씻은 뒤에 꼭 핸드크림을 발라 피부에 유분과 수분을 공급해 주어야 한다. 특히 환절기와 겨울철에는 손이 건조하면 쉽게 갈라지고 터서 손 피부의 노화가 촉진된다. 어쩌다 손 관리를 해 보려는 의욕이 앞서서 얼굴에 바르는 비싼 영양크림을 손에 듬뿍 바르는 경우가 있다. 그런데 손등은 얼굴 피부보다 각질층이 두껍기 때문에 유효 성분이 잘 흡수되지 않는다. 따라서 손에 영양 성분을 공급하기보다는 핸드크림을 발라 보습막을 잘 형성해 주는 것이 더 효과적이다.

핸드크림을 바를 때는 꼭 손등에 짜서 발라 준다. 손바닥에 짜서 바르면 핸드크림 성분이 손바닥에 대부분 흡수되어 정작 건조한 손등에는 흡수가 덜 되기 때문이다. 손을 자주 씻어야 하는 경우에는 흡수가 빠른 에센스 타입의 핸드크림이 좋다. 노화된 손 피부를 되돌리고 싶다면 레티놀 성분이 들어 있는 핸드크림을 선택하도록 한다.

그런데 핸드크림을 바르는 것만큼 중요한 것이 있다. 바로 자외선 차단이다. 햇빛 아래에서 손등은 노출이 가장 많이 되는 부위 중 하나다. 자외선은 피부 속 콜라겐과 엘라스틴을 파괴할 뿐 아니라, 멜라닌 세포를 자극해 검버섯 등 색소 침착으로 인한 피부 문제를 일으킨다. 특히 운전을 할 때 손이

TIP 촉촉한 손을 만드는 손 케어법

손을 깨끗이 살균하고 큐티클과 각질을 제거하는 것은 물론이고 미백과 보습 효과를 주는 3단계 손 케어 방법을 소개한다.

재료: 식초, 우유, 레몬, 바세린, 종이컵, 화장솜, 일회용 장갑

◆STEP 1. 손을 살균하고 큐티클과 각질 제거하기
① 종이컵에 물을 담고 식초를 한 방울 떨어뜨린다.
② 식초 물에 손톱을 담근 뒤 반대편 손으로 꾹꾹 눌러 손톱 부위를 마사지한다.
③ 미백 효과를 위해 손가락 마디마디의 색소 침착 부위를 레몬으로 문지른다.

◆STEP 2. 우유로 하얀 손 만들기
① 우유로 적신 화장솜을 손등 위에 올려 둔다. 우유 속 젖산이 각질을 제거하고 미백 및 보습 효과를 높인다.
② 10~15분 뒤에 화장솜을 떼어 낸다. 물에 적신 팩은 15분 이상 경과하면 수분이 증발해, 오히려 피부의 수분을 빼앗는다는 사실을 명심하자.

◆STEP 3. 손등 피부에 보습막 입히기
① 손을 깨끗하고 하얗게 만들었다면, 이제 보습막을 만들어 줄 차례. 손등에 바세린을 발라 잘 흡수시켜서 수분이 날아가지 않도록 보습막을 입히자.
② 바세린을 바른 뒤 일회용 장갑을 5분간 착용하면 수분이 더 오래 유지된다.

자외선에 무방비로 노출되므로 반드시 자외선 차단제를 발라야 한다. 자외선은 유리창쯤은 거뜬히 투과하기 때문이다.

또한 일주일에 한 번쯤은 손도 스크럽을 해 주자. 핸드 전용 스크럽제가 있다면 사용하고, 없다면 바디나 얼굴용 스크럽제를 사용해도 된다. 스크럽 후에 보습크림이나 오일을 발라 마사지해 주면 혈액 순환이 원활해지고 촉촉함도 유지할 수 있다.

손 때문에 콤플렉스가 생길 정도라면, 피부과 시술을 받는 것도 방법이다. 주름과 착색된 색소를 없애는 레이저 관리가 일반적이며, 리프팅 시술로 손 피부 나이를 되돌릴 수도 있다. 진피층과 피하지방층까지 도달하는 레이저는 콜라겐과 엘라스틴을 재생시켜 손 피부를 탄력 있게 만들어 준다.

Dr. 강현영의 beauty comment

손 피부 나이 되돌리는 시술

요즘은 주름지고 거친 손을 매끈하고 아름답게 관리하고자 피부과를 찾는 사람들이 늘고 있다. 예전에는 손 주름을 없애기 위해 필러, 지방 이식 등의 시술을 받았지만, 최근에는 손등 피부의 콜라겐과 엘라스틴 재생을 촉진하고 줄기세포로 노화의 근본 원인을 해결해 피부 탄력을 회복시키는 핸드 리프팅 시술이 인기를 얻고 있다.

03 미백 비타민, 글루타티온

비타민G가 뭔가요?

피부는 타고나는 것이라고들 한다. 피부과 의사로서 하루에도 수십 명의 환자들을 만나며 나는 이 말에 어느 정도 동의한다. 그런데 타고난 피부 미인이 아닌데도 불구하고 피부가 차츰차츰 좋아지는 사람들도 있다. 그들의 공통점은 좋은 생활 습관을 유지하고 피부에 좋은 이너 뷰티 제품을 챙겨 먹으며 긍정적인 마음으로 즐겁게 생활한다는 것이다. 반대로 아무리 좋은 피부를 타고났다 하더라도 피부에 좋지 않은 생활 습관, 즉 음주와 불규칙적인 식습관, 수면 부족을 반복하고, 자신의 피부 타입에 맞지 않는 화장품을 바르고, 자외선에 무방비 상태로 노출되며, 늘 스트레스로 마음 편할 날이 없다면, 피부는 더 이상 견디지 못하고 망가지고 만다.

"예전에는 피부 좋다는 소리 좀 들었는데, 피부 망가지는 건 한순간이더라고요."

환자들이 종종 하는 말이다. 그렇다. 피부는 한순간에 훅 간다. 우리가 방심하고 있을 때도 피부 노화는 계속 진행된다. 그렇다고 '어차피 늙어 쪼글쪼글해질 피부, 굳이 관리해야 하나?' 하며 포기하지는 말자. 이른바 100세 시대에 이왕이면 건강하고 곱게 나이 들면 좋지 않은가.

뽀얀 피부, 촉촉하고 자연스럽게 빛나는 피부는 모든 여성들의 로망이다. 쿠션 팩트로 윤광 메이크업을 하는 것, 스마트폰 사진 꾸미기 앱으로 얼굴을 뽀얗게 보정하는 것도 다 그런 로망 실현의 일환일 것이다. 그런데 먹어서 윤광 피부를 만들 수 있는 방법이 있다. 바로 '비타민계의 왕 중 왕'이라는 비타민G, 글루타티온을 섭취하는 것이다.

비타민G라고 하면 생소한 독자들이 많을 것이다. 비타민G 즉 글루타티온은 피부색을 밝게 해 준다는 이른바 백옥 주사의 주성분이다. 백옥 주사는 미국의 팝스타인 비욘세의 피부가 밝아진 비결이라 해서 '비욘세 주사'라고도 불린다.

글루타티온은 글루타메이트, 시스테인, 글라이신 등 세 가지 아미노산이 결합해 만들어진 단백질로, 대체로 간이나 피부에서 합성된다. 이것은 활성산소를 억제하여 노화를 막는 항산화제로, 우리 몸의 면역 체계를 유지하고 간의 해독 작용을 촉진한다. 따라서 글루타티온이 결핍되면 간이 해독작용을 못 해 얼굴이 누렇게 되는 황달이 나타나기도 하고, 떨림 등의 신경 증상이 나타나기도 한다.

무엇보다 글루타티온의 대표적인 효능은 피부 미백에 도움을 주는 것이다. 피부가 자외선에 노출되어 짙은 갈색으로 변하고 기미나 주근깨, 검버섯, 잡티 등이 생기는 것은 멜라닌 세포에서 멜라닌 색소를 만들어 내기 때문이다. 그런데 글루타티온은 멜라닌 색소의 생성을 억제하여 피부 미백에 도움을 주고 자외선에 손상된 피부의 재생을 돕기 때문에 미백 화장품의 주원료로 쓰인다.

하지만 무엇이든 과하면 좋지 않은 법. 시술이나 화장품 사용 등을 통해 글루타티온을 과도하게 사용하면 백반증, 저색소증, 피부 위축 등의 부작용을 일으킬 수 있다.

글루타티온이 풍부한 식품

이십 대 이후 우리 몸에서 합성되는 글루타티온은 10년에 약 15%씩 감소한다고 한다. 그러므로 부족한 글루타티온을 음식으로 섭취하는 것도 좋은 방법이다.

그렇다면 글루타티온 성분이 많이 들어 있는 식재료에는 무엇이 있을까? 대표적으로 강낭콩, 아스파라거스, 브로콜리, 양파를 꼽을 수 있다. 이 가운데 글루타티온 함량이 가장 높은 것은 강낭콩으로, 브로콜리의 두 배, 아스파라거스의 세 배가 들어 있다.

강낭콩 속 사포닌은 항산화 성분으로 잘 알려져 있으며, 레시틴은 혈관 속 콜레스테롤 수치를 낮춰 주는 성분이다. 또한 단백질이 풍부해 에너지 대사를 돕는다. 강낭콩이 다이어트에 좋다는 말을 들어 봤을 것이다. 식이 섬유가 많아 장 운동을 촉진시키며 다이어트에도 효과적이기 때문이다.

가수 L씨는 한 방송 프로그램에서 '고급진' 아스파라거스 수프로 민박객의 입맛을 사로잡았다. 아스파라거스가 '채소의 왕'으로 불리는 것은 신장 기능을 돕는 아스파라긴산과 여러 종류의 비타민, 카로틴, 식이섬유, 칼륨, 단백질은 물론, 글루타티온과 혈관을 튼튼하게 만들어 주는 비타민P(루틴)가 들어 있기 때문이다. 아스파라거스는 끓는 물에 가볍게 데쳐 먹거나 올리브 오일에 구워 먹는다.

브로콜리에는 식이섬유, 비타민C와 E, 베타카로틴, 셀레늄 등이 많고 설포라판이라는 항산화 성분이 풍부하게 들어 있다. 또한 콜리플라워, 양배추 등 다른 십자화과 채소에 많이 들어 있는 인돌-3-카비놀 또한 많은데, 카비놀은 에스트로겐과 연관이 깊은 유방암, 자궁암 등 여성암의 예방에 도움이 된다. 브로콜리는 레몬의 두 배, 감자의 일곱 배에 해당하는 비타민C도 함유하고 있어 피부를 건강하고 밝게 만들어 준다.

우리가 늘 팬트리에 저장해 두는 식재료 중 하나인 양파. 피곤할 때 양파즙을 마시면 좋은데, 양파에 글루타티온을 활성화시키는 유도체가 많아서 간의 해독을 돕고 면역력을 높여 주기 때문이다. 또 양파에 함유된 퀘르세틴 성분이 혈관 질환을 일으키는 나쁜 콜레스테롤이 쌓이는 것을 막는다.

그밖에 양배추, 수박, 아보카도, 토마토 등에도 글루타티온이 들어 있다. 식품으로 섭취하기 쉽지 않다면 글루타티온 보조제를 섭취하거나 글루타티온 효모를 물에 타서 먹는 것도 좋다.

TIP 글루타티온을 활성화시키는 식습관

1. 신선한 채소와 과일을 많이 먹자
바쁜 일상 때문에 식습관이 많이 간소화되고 있다. 인스턴트나 패스트푸드로 끼니를 때우는 경우가 많은데, 신선한 과일과 채소에 들어 있는 비타민C가 우리 몸속 글루타티온 생성을 도와 활성산소를 제거한다는 사실을 잊지 말자. 강낭콩, 아스파라거스, 브로콜리, 양파 등에는 글루타티온이 들어 있고, 청경채, 고추냉이, 비트 등에는 글루타티온 생성을 돕는 물질이 들어 있다.

2. 셀레늄과 알파리포산이 들어 있는 식품을 먹자
셀레늄과 알파리포산은 글루타티온 생성을 돕는다. 셀레늄은 브라질너트, 해바라기씨, 호두, 현미, 귀리 등에 많이 들어 있고, 알파리포산은 토마토, 시금치 그리고 방울 양배추라고도 하는 스프라우트 등에 많이 들어 있다.

3. 비타민B12와 함께 섭취하자
비타민B12는 간에 저장되어 글루타티온을 비롯한 체내 아미노산 생성을 돕는다. 비타민B12는 체내에서 합성되지 않기 때문에 식품으로 섭취해야 하며, 소고기나 돼지고기, 달걀, 우유, 어패류 등에 많이 들어 있다.

Step 4
생체 시계 되돌리는 동안 케어

October

10월

#가을 건조

#입술 관리

#콜라겐

계절 변화, 피부가 가장 먼저 안다

01

#가을 건조

삐뽀삐뽀, 건조주의보 발령!

여름내 푸르고 생기 넘치던 나뭇잎이 가을이 되어 누렇게 색이 바래고 바짝 말라 툭툭 떨어지는 것을 보면, 벌써 한 해가 다 가고 있구나 하고 새삼 느끼게 된다. 동시에 여름에는 끈적이는 땀과 피지로 건조함을 모르던 피부가 부쩍 푸석해지고 메마르는 것이 느껴지니, 계절 변화는 피부가 제일 먼저 감지하는 모양이다.

여름에서 가을로 계절이 바뀌어 아침저녁으로 기온이 낮아지면 큰 일교차와 낮은 습도로 인해 피부는 극도로 예민해지고 우리 몸은 스트레스 호르몬인 코르티솔을 분비한다. 이 코르티솔로 인해 성호르몬인 안드로겐이 분비되면서 호르몬 불균형으로 피부 트러블이 일어난다. 계절의 변화에 따라 우리 피부는 계속 노화를 거듭한다. 따라서 환절기에 관리를 제대로 하지 못하면 피부가 급격히 노화된다.

한여름 습도는 80%를 넘지만, 환절기가 되면 60% 이하가 되고, 실내에서는 40% 이하까지 떨어진다. 피부의 수분은 대기 중으로 증발되기 마련이다. 피부에 수분이 부족하면 각질층이 더욱 두꺼워지고 탄력이 떨어져 주름도 쉽게 생긴다. 따라서 얼굴의 수분을 지키느냐 못 지키느냐에 따라 피부 상태가 확 달라진다. 수분을 지키지 못하면 여지없이 피부가 땅기고 가려우며 거칠어진다. 그러니 가을철 보습은 피부 관리의 기본 중 기본이다.

그런데 우리는 일상생활 속에서 알게 모르게 피부를 건조하게 만들고 있다. 몸에 쌓인 피로를 풀어 주니 피부에도 좋으리라 여기며 사우나와 찜질방을 오랜 시간 이용하는 습관도 그중 하나다. 뜨거운 열기 속에서 모공을 확 열어 주면 노폐물이 빠져서 피부가 좋아진다고 생각하지만, 수분이 과하게 빠져나가고 피부 보호막이 손상되어 더 예민하고 건조해질 수 있다. 사우나를 한 뒤 얼굴이 벌게지곤 하는데, 많은 사람들이 이것을 혈액 순환이 잘되고 피부가 투명해진 결과로 여기며 그 맛에 사우나를 다니곤 한다. 그러나 이는 급격한 온도 변화로 얼굴 피부의 혈관이 늘어나 생기는 현상이며, 반복되면 안면홍조로 이어질 수 있다.

환절기에는 내가 쓰고 있는 세안제부터 체크해 봐야 한다. 강알칼리성 세안제나 계면활성제가 함유된 세안제 사용은 피부를 더 건조하게 만든다. 건성 피부라면 오일 성분이 함유된 세안제를 선택하는 것이 피부 보습막 유지에 효과적이다.

피부 수분을 지키는 데도 골든타임이 있다. 바로 3분. 세안 후 3분이 지나면 피부는 급격히 건조해진다. 따라서 세안 후 피부에 수분이 남아 있는 시간, 즉 3분 안에 보습을 해 주어야 한다. 유분이 많은 지성 피부라고 해서 보습제가 필요 없는 것은 아니다. 겉은 유분이 돌아 번들거리지만 속은 땅기는 '속 땅김'을 경험하기 때문이다. 즉 지성 피부라도 수분이 부족할 수 있기 때문에 스킨을 바를 때 피부 깊숙이 충분히 스며들도록 해 주는 것이 중요하다. 악건성 피부의 경우 7스킨법을 응용해 스킨을 여러 번 레이어드 해 발라 주면 수분을 오랜 시간 유지할 수 있다.

건조하고 피부가 땅길 때 스킨과 로션, 에센스, 수분크림, 영양크림 등 기초 화장품을 여러 단계로 많이 바르면 나아지리라 생각하지만, 피부는 스펀지가 아니기 때문에 아무리 좋은 성분이라 해도 다 흡수하지 못한다. 오히려 흡수되지 못하고 겉도는 성분이 모공을 막아 피부 트러블을 유발할

1	평소 피부가 심하게 땅긴다.
2	이마는 번들거리는데 뺨은 피부가 땅기는 느낌이 든다.
3	환절기가 되면, 각질이 일어나는 심한 건조증은 아니지만 세안하고 난 뒤 피부 땅김을 느낀다.
4	세안하고 나서 바로 수분크림을 바르지 않으면 피부가 따갑고 붉어진다.
5	입가나 눈 주위에 잔주름이 잘 생기는 편이다.
6	각질이 자주 일어나고, 심하면 버짐이 핀다.
7	피부 결이 거칠고 윤기가 없다.
8	환절기에는 늘 피부 트러블이 생긴다.
9	매트한 질감의 파운데이션을 바르면 화장이 들뜬다.
10	환절기에 많아지는 각질로 인해 화장이 들뜬다.
11	피지 분비량은 많은데 잔주름이 있고 피부가 촉촉하지 않다.
12	피부가 붉고 번들거린다.
13	모공이 작아 피부 결은 고와 보이지만 윤기가 없다.
14	부분적으로 코 주위의 모공이 크고 피부 결은 거칠다.
15	계절의 영향을 많이 받는 피부 컨디션을 가지고 있다.
16	피지 분비가 적어서 피부가 번들거리지 않아 메이크업은 오래 지속되지만 파우더가 들뜬다.
17	수분크림을 많은 양을 발라도 피부에 쏙쏙 흡수된다.

*해당되는 문항이 총 몇 개인가?
0~3개면 촉촉한 피부, 4~8개면 건조 초기, 9~13개면 건조 중기, 14~17개면 건조가 심각한 편이다.

수 있다. 트러블이 일어난다면 아침에는 에센스와 수분크림, 저녁에는 영양 크림 정도만 사용하는 등 기초 화장의 단계를 줄여 보자.

또 건조한 환절기에는 미스트가 피부 건조를 악화시킬 수도 있다는 사실에 유의해야 한다. 미스트가 증발하면서 각질층의 수분까지 함께 빼앗아가는 결과를 초래하기 때문이다. 미스트를 자주 뿌리기보다는 아침과 저녁에 수분크림으로 각질 제거와 보습을 하는 것이 효과적이다.

'찬바람이 불기 시작했으니 자외선도 사라졌겠지'라고 생각하면 큰 오산이다. 가을철 따가운 햇빛은 '추수 전 마지막으로 곡식을 익어 가게 하는 햇살'이라고들 한다. 그 따가운 햇살에 곡식은 알알이 맺힌 열매를 키우지만 피부는 자극을 받는다. 여름에 자외선을 잘 막아 놓고도 가을 자외선에 방심하면 멜라닌 색소가 과도하게 침착되어 기미나 주근깨, 잡티가 왕창 올라올 수 있다. 따라서 가을철에도 자외선 차단은 계속되어야 한다.

환절기에 불쑥불쑥 터지는 피부 트러블

환절기가 되면 피부과도 바쁘다. 여름철 뜨거운 자외선에도 그럭저럭 잘 견뎌 왔던 피부가 갑자기 뒤집어졌다고 호소하는 환자들이 줄을 잇기 때문이다. 뺨과 턱에 올라오는 뾰루지는 볼 때마다 스트레스고, 허옇게 각질이 생긴 피부에서 올라오는 가려움은 또 얼마나 짜증스러운지. 환절기 피부 트러블과 가려움이 얼마나 사람을 우울하게 하는지는 겪어 본 사람만 알 것이다.

환절기에 피부 트러블이 자주 생기는 이유는 환경 변화에 의한 호르몬 불균형 때문이다. 또 각질이 많이 쌓인 상태에서 화장품을 바르면 각질과 화장품이 혼합된 채 모공을 막아 피부는 더 건조해지고 트러블을 일으키게 된다. 뾰루지나 여드름이 올라왔다고 해서 '조기 박멸'을 외치며 맨손으로 짜내는 것은 절대 금물이다. 손을 깨끗이 씻었다고 하더라도 손에 남아 있는 세균으로 인해 2차 감염이 일어날 수 있다. 또한 손으로 벅벅 문지르는 잘못된 세안 습관도 피지 분비를 자극해서 여드름을 악화시킨다. 저자극의 약산성 클렌저를 사용해 피부 각질을 부드럽게 제거하고 팩으로 피부를 진정시켜야 한다. 스트레스 관리를 위해 충분한 숙면을 취하고, 비타민C와 E, 미네랄이 풍부한 과일과 채소를 충분히 섭취하도록 한다.

피부에 각질이 일어나고 가렵다면 피부 건조증일 수 있다. 피부 속 수분 함유량이 10% 이하로 떨어져 각질이 많아지고, 피부 보호막이 손실되어 가려움을 느끼게 되는 것이다. 가려움을 참지 못하고 손으로 벅벅 긁다가는 상처가 나고 세균에 감염되기도 한다.

자외선 차단제도 열심히 발랐고, 술을 마신 것도 아닌데 자주 볼이 발그레해진다면 안면홍조 때문일 수도 있다. 안면홍조는 오십 대 이후의 갱년기 증상이라고 생각하지만, 요즘은 스트레스나 과로, 체력 저하로 인해 나이와 상관없이 생긴다. 안면홍조는 얼굴의 모세혈관이 늘어나 너무 많은 혈액이 몰리면서 나타나는 질환이다. 이 경우 예민한 피부를 자극하는 자외선을 차단해야 하며, 사우나나 찜질방 이용, 격렬한 운동은 피부에 급격한 온도 변화를 가져오고 혈관을 확장시키기 때문에 자제해야 한다. 너무 뜨거운 물로 세안하거나 붉어진 얼굴을 얼음으로 찜질하는 일 역시 피부에 자극이 될 수 있으니 피하는 것이 좋다.

피지선이 많은 부위인 얼굴과 두피, 가슴, 겨드랑이 등에 생기는 지루성 피부염 역시 환절기에 흔히 나타나는 질환이다. 피지 분비량이 증가해 염증이 발생하는 것으로, 피부가 붉어지고 가려우며 각질이 비듬처럼 일어난다. 지루성 피부염이라면 피부가 건조해지지 않도록 보습을 철저히 하고, 세안이나 목욕 후 물기가 다 마르지 않은 상태에서 빠르고 충분하게 보습을 해 주어야 한다. 지루성 피부염이 있다고 해서 화장품을 아예 쓰지 않는 다면 피부가 건조해지기 쉬워 득보다 실이 많다. 약산성 세안제로 부드럽게 각질을 제거하고 저자극성 보습제로 피부에 충분한 수분을 공급하는 것이 좋다.

환절기 호르몬 변화로 인한 여드름, 안면홍조, 지루성 피부염 등의 염증성 질환을 방치하면, 겨울에 이어 봄까지 건조한 계절을 보내며 더욱 악화될 수밖에 없다. 피부과 진료 후 약물 치료와 보습제 처방, 레이저 치료로 상태를 개선할 수 있으니 참고하도록 하자.

수분 삼총사로 피부의 수분을 잡자!

우리 몸은 70%가 수분이다. 수분 공급이 잘 이루어져야 신진대사가 원활하고 피부 건강도 유지할 수 있다. 피부 수분 유지를 위해 꼭 필요한 '수분 삼총사'가 있는데, 바로 물, 과일, 수분 팩이다.

패스트푸드와 인스턴트의 시대를 살면서 사람들은 하루에도 몇 잔씩 커피와 탄산음료를 마신다. 하지만 음료를 마셨으니 수분을 섭취한 거라고 생각하면 오산이다. 커피와 탄산음료의 카페인과 당분은 오히려 세포 속 수분을 빼앗아 몸 밖으로 배출시키기 때문에 피부를 더 건조하게 만든다.

그나마 요즘은 안티에이징이 커다란 트렌드로 자리 잡으면서 물 섭취에 대한 관심도 늘었다. 가방에 생수를 늘 가지고 다니면서 마시는 사람들도 많다. 물의 효과에 대해 반신반의하는 사람도 있을 것이다. 하지만 피부과 의사로서 나는 늘 "물을 많이 드세요"라고 강조한다. 물은 우리 몸속에 들어와 30초 만에 혈액에 도달하고 10분 만에 피부에 도달한다. 몸속에서 혈액과 영양분을 운반하고 대사 과정에 사용된 뒤 소변이나 땀으로 배출되는 물의 양은 2.5L니, 매일 충분히 수분을 공급해 주어야 한다. 여름엔 더워서 그나마 물을 많이 마시는 편이지만, 가을이 되면 물 마시는 양이 줄어들기 마련이다. 하지만 수분 부족은 만성 탈수 증세로 이어져, 비만이나 피부 노화, 신진대사의 이상을 초래한다.

미네랄은 섭씨 10도 이하의 차가운 물에서 유지되는데, 물속에 들어 있는 미네랄은 신진대사를 원활하게 할 뿐 아니라 당을 에너지로 전환해 다이어트에도 도움이 된다. 촉촉한 피부와 건강을 위해 하루 1.5L 이상 물을 마시는 습관을 기르자.

물을 충분히 마시지 못한다면 신선한 과일과 채소를 섭취하자. 과일과 채소에 풍부하게 들어 있는 비타민C와 E는 스트레스와 피로를 해소하는 것은 물론 피부 노화까지 막아 주는 특효약이다. 비타민C는 콜라겐 합성을 도와 피부를 탱탱하게 만들며, 노화를 일으키는 활성산소의 활동을 억제한다.

수분이 많이 함유된 과일 가운데 특히 멜론을 추천한다. 멜론은 90%가 수분이며 비타민C가 풍부하다. 멜론에는 수박보다 아홉 배나 많은 섬유질이 들어 있다. 또한 생으로도 익혀서도 먹기 좋은 토마토도 추천한다. 토마토에는 항산화 물질 리코펜이 들어 있어 몸의 노화를 늦출 뿐 아니라, 암세포의 성장도 억제한다.

요즘은 대부분의 과일을 계절에 상관없이 맛볼 수 있지만, 그래도 제철 과일의 효과는 무시할 수 없다. 가을이 제철인 사과와 배는 추석 선물로도 많이 주고받는데, 수분이 풍부해 건선 환자들에게 추천할 만한 과일이다. 사과는 85%가 수분이라 칼로리가 낮고 항산화 물질인 폴리페놀이 들어 있어 피부 노화를 막는다. 또 식이섬유인 펙틴이 풍부해 콜레스테롤 수치를 낮추고 지방을 흡수해 몸 밖으로 배출시켜 다이어트에 효과적이다. 배 역시 수분이 85%로, 건조한 피부에 수분을 공급해 준다.

과일을 먹었다면 이제 얼굴에 팩을 할 차례. 화장솜에 생수를 듬뿍 적셔 피부에 올려놓는 물 팩만으로도 효과는 기대 이상일 것이다. 푸석푸석하던 피부에 생기가 돌고 탄력도 높아진다. 1일 1팩의 인기는 지금도 여전한데, 지나치면 안 하느니만 못한 결과를 초래할 수 있다. 수분 공급을 위한 팩이라면 매일 해도 괜찮지만, 화이트닝이나 리프팅 혹은 주름 개선을 위한 안티에이징 목적으로 기능성 팩을 매일 하면 오히려 피부가 예민해져 트러블을 유발한다.

보습을 위해 어떤 마스크팩을 골라야 할지 모르겠다면 세라마이드, 히알루론산, 아미노산 등 천연보습인자인 NMF가 들어 있는지 살펴보길 권한다. NMF 성분들이 피부 장벽인 각질층에 수분이 머물 수 있도록 해 주기 때문이다. 마스크팩의 밀착력도 따져 봐야 한다. 피부에 제대로 밀착되지 않으면 유효 성분이 증발되어 잘 흡수되지 않는다.

 TIP 적상추 팩으로 피부 수분 충전

피부에 수분이 풍부하면 콜라겐 층이 무너지지 않아 탄력을 유지할 수 있고 피부가 맑아 보인다. 반면 피부에 수분이 부족하면 푸석푸석하고 안색도 칙칙해 보이기 쉽다. 적상추는 95%가 수분인 대표적인 수분 공급 식품으로, 칼로리가 낮아 다이어트에도 도움이 된다. 상추는 색깔에 따라 청상추와 적상추로 분류하는데, 청상추는 엽록소의 일종인 클로로필이 풍부해 면역력을 높여 준다. 적상추는 항산화 성분인 안토시아닌이 풍부해 피부 노화를 막고, 비타민A는 자외선에 손상된 세포의 재생을 돕는다. 사십 대 이후가 되면 피부 수분도는 평균 20% 이하로 내려가 건성 혹은 악건성 피부가 되기 쉽다. 적상추 팩으로 피부 수분을 가득 충전하자.

재료: 적상추 3장, 우유 100㎖, 밀가루 1큰술
① 적상추 3장을 우유 100㎖와 함께 믹서에 갈아 준다.
② 밀가루를 섞어 팩이 흘러내리지 않을 정도로 농도를 조절한다.
③ 얼굴에 거즈 또는 팩 전용 시트를 깔고 그 위에 적상추 팩을 펴 바른다.
④ 15분 뒤에 세안한다.

내 입술, 과즙을 머금은듯 촉촉하게 관리하기 02

#입술 관리

피부에서 가장 연약한 부위는 입술

과즙이 톡 터질 것처럼 상큼하고 사랑스런 느낌을 물씬 풍기는 과즙 메이크업. 걸그룹 멤버처럼 투명하고 촉촉한 피부에 블링블링한 아이섀도, 복숭아 같은 뺨, 그리고 화룡점정으로 촉촉한 과즙이 듬뿍 묻어날 것 같은 도톰한 입술 표현이 과즙 메이크업의 포인트다. 그런데 입술에 각질이 잔뜩 일어나 있다면, 과즙 메이크업은 꿈도 못 꿀 일이다.

입술에 땀이 나는 사람은 없을 것이다. 입술은 우리 몸의 피부 중에서 가장 얇고 피지선이 없기 때문이다. 따라서 가장 쉽게 건조해지는 부위이기도 하다. 하지만 대부분의 사람들이 얼굴 피부는 조금만 건조해도 수분크림을 바르고 미스트를 뿌리고 팩을 하는 등 신경을 쓰면서 입술 관리에는 소홀하다. 건조해진 입술을 방치하다가 각질이 생기면 손으로 잡아 뜯어서 피를 보기도 한다.

매일 끊임없이 움직이고 음식물에 의해 자극을 받는 입술. 그런 입술을 위해 우리가 하는 것은 고작 립밤을 발라 주는 것 정도다. 하지만 먹고 마시고 말하다 보면 립밤을 언제 발랐나 싶게 입술은 다시 메말라 있다. 입술은 피부 중 가장 연약한 부위임에도 불구하고 하루 종일 끊임없이 자극을 받고, 빠르게 노화해 가고 있다.

화학 성분이 민감한 입술을 자극한다

입술이 자주 튼다면, 양치 후에 입술까지 잘 씻고 나오는지 점검해 보자. 간혹 입술에서 치약 맛이 느껴진다면 제대로 씻지 않은 것이다. 두 차례의 치약 파동으로 우리는 치약 속에 수많은 화학물질이 들어 있으며, 그중 메칠클로로이소치아졸리논과 메칠이소치아졸리논 같은 가습기 살균제 성분이 방부제로 사용되고, 소듐라우릴설페이트 같은 계면활성제가 거품을 낸다는 것을 알게 되었다. 메칠클로로이소치아졸리논과 메칠이소치아졸리논은 이제 치약에 사용해서는 안 되는 성분으로 규정되었고, 소듐라우릴설페이트는 물로 닦아 내는 경우에 한해 제한 용량까지 사용이 허가되고 있다.

여성들이라면 점심식사 후 양치를 할 때 립스틱이 과하게 지워질까 봐 입안만 대충 헹구고 입술은 티슈로 닦았던 경험이 있을 것이다. 그러면 소듐라우릴설페이트 같은 유해 성분들이 입술 주름 사이사이에 그대로 남아 입술을 더욱 건조하게 만든다. 또한 소듐라우릴설페이트가 반복적으로 흡수되어 체내에 쌓이면, 미국독성학회가 발표한 연구 결과처럼 알레르기나 탈모, 염증을 일으키는 것은 물론이고 백내장과 불임까지 유발할 수 있다.

2016년에는 치약뿐 아니라 입술에 사용하는 일부 립틴트에도 소듐라우릴설페이트가 사용되고 있는 것으로 밝혀졌다. 립틴트는 씻어 내지 않는 색조 화장품이기 때문에, 피부로 즉각 흡수되어 각질층을 무너뜨린다. 또한 2017년 말에는 프랑스 소비자 단체가 일부 립밤 속에 암을 유발할 수 있는 성분이 들어 있다고 발표하기도 했다. 입술이 터서 립밤을 발랐는데 상처를 통해 유해 성분이 침투해 염증을 유발할 수도 있는 것이다.

이제부터는 양치 후에 치약 성분이 남지 않게 입술까지 잘 씻어 내고, 입술에 바르는 제품의 성분 또한 잘 따져 보고 고르기 바란다. 그것이 입술 건강을 지키는 첫걸음이다.

입술 각질 제거의 관건은 부드럽게 제거하는 것이다. 억지로 떼어 내다가는 피를 보기 십상이고, 상처 난 부위에 음식물이 묻거나 세균이 침투하면 염증을 유발할 수 있다. 미스트에 적신 화장솜을 10~20분간 입술에 올려 각질을 불린다. 미스트 대신 우유나 마사지크림, 바세린을 사용해도 된다. 입술 각질이 불어나 분리될 정도의 상태가 되면 면봉으로 부드럽게 제거하고, 립밤을 발라 보습막을 더해 준다.

입술이 건조하면 입가 주름이 생긴다

아침에 촉촉하게 립밤을 바르고 나왔는데, 오전 시간을 채 버텨 내지 못하고 입술이 금방 건조해지는 이유는 무엇일까? 입술은 피지선이나 모공이 없기 때문에 유분을 분비해 피부 방어막을 만들 수가 없다. 스스로 수분을 지킬 수 없으니, 얼굴에 비해 수분 증발 속도가 빠르고 증발량도 많은 것이다.

입은 눈만큼이나 많이 움직이는 부위다. 그런데 눈가에는 이십 대 때부터 아이크림을 바르면서 왜 입술에는 도통 무관심할까. 눈 밑의 도톰한 애교 살이 동안 얼굴을 만들듯이 매끄럽고 도톰한 입술도 동안의 필수 조건 중 하나다. 그러나 나이가 들수록 입술이 자꾸만 얇아지고 주름이 생기며 입가가 바람 빠진 풍선처럼 쪼글쪼글해진다. 사람의 인상을 좌우해 십 년은 더 나이 들어 보이게 하는 부위가 입술이다. 얇은 입술과 처진 입꼬리, 입가에 생긴 주름이 전형적인 노안을 만든다.

따라서 피부 관리의 완성은 입술이라 해도 과언이 아니다. 피부 각질은 기왓장 모양으로 서로 교차되어 쌓인다. 따라서 입술이 건조하면 입가까지 건조해질 수밖에 없고, 입가 피부는 얇기 때문에 쉽게 주름이 생긴다.

근육을 이용하는 부위에 생기는 주름은 잘못된 습관이 원인이 되기도 한다. 입술 주름을 유발하는 특정한 습관이 있다. 자극적인 음식을 좋아하는 식습관, 입술을 손으로 자주 만지거나 물어뜯거나 반복적으로 침을 바르는 습관은 노화를 촉진한다. 빨대로 음료를 마시거나 좁은 물병 입구에 입을 대고 마시는 등 입술을 모으는 행동은 입가에 '고양이 주름'을 만든다. 그러므로 컵을 이용해 물을 마시는 습관을 들이는 게 좋다.

TIP **입가에 생기는 주름**

1. **팔자 주름:** 팔자 주름이 있으면 5~10년은 더 나이 들어 보인다.

2. **불도그 주름:** 입가가 늘어지면 자칫 심술궂어 보일 수 있다.

3. **고양이 주름:** 입술 주위에 고양이 수염처럼 생기는 주름이다. '마녀 주름'이라고도 하며 피부과를 찾는 중년 여성들의 큰 고민거리다.

마지막으로 자외선 차단제를 바를 때 입술까지 바르는 사람 있으면 손 들어 보자. 아마 거의 없을 것이다. 입술은 우리 피부 중에서 가장 얇고 자외선 차단막 역할을 해 주는 멜라닌 색소가 없기 때문에 유해한 자외선을 그대로 흡수한다. 여름철에 클렌징을 마치고 보면 입술 색이 유독 어둡고 칙칙하다고 느낄 때가 있는데, 이는 입술이 자외선에 의해 손상된 결과이다. 이제 립 메이크업 전에 입술에도 자외선 차단제를 발라 소중한 입술을 보호하자.

슬기로운 입술 관리법

입술에 이미 생긴 주름은 없앨 수 없지만, 더 이상 주름이 생기지 않도록 예방할 수는 있다. 입술 관리 제품은 입술 보습제인 립밤만 있는 것이 아니다. 요즘은 립 스크럽부터 립 에센스, 립 오일, 립 팩, 자외선 차단 립밤 등 입술 전용 화장품들이 많이 나와 있다. 입술 전용 제품을 고를 때는 파라벤이나 미네랄 오일 성분이 들어 있지 않은지, EWG 3단계 이상의 안전등급을 획득했는지 확인하자. 또한 화학 성분보다는 자연 유래 성분이 많이 함유된 제품이 좋다. 병풀 성분인 마데카소사이드가 함유되어 있으면 손상된 피부를 회복시켜 주고 입술을 건강하게 보호해 준다.

입술 관리, 먼저 립밤 하나라도 제대로 바르자. 보통 립밤을 바를 때 좌우로 한번 문지르고 끝인데, 이렇게 하면 입술은 금세 마르고 각질이 밀리기도 한다. 입술 주름 사이사이에 유효 성분이 들어갈 수 있도록 꼼꼼하게 발라 주자.

클렌징을 하고 나서 왠지 모르게 입술 색이 칙칙하다면 스크럽으로 묵은 각질을 벗겨 낸다. 일주일에 한 번 정도는 립 스크럽을 해서 각질을 제거해 주는 것이 좋다. 입술에 유효 성분이 흡수되려면 죽은 각질이 깨끗이 제거되어야 하기 때문이다.

입술이 노화되어 주름이 생기면 곧 입가에도 주름이 생긴다. 입가 주름을 효과적으로 예방하려면 입가에도 아이크림이나 링클케어 크림을 발라야 한다. 이때 입술까지 바르는 것을 잊지 말도록 하자.

가장 강력한 피부 노화의 원인은 자외선. 자외선으로 인한 광노화는 입술에서도 예외 없이 일어난다. 오히려 가장 쉽게 광노화가 일어날 수 있는 피부 부위가 입술이다. 따라서 순한 성분의 자외선 차단제를 바르거나 자외선 차단 성분이 함유된 립밤을 발라 입술을 보호해야 한다.

천연 성분을 이용해 입술을 관리하는 것도 추천한다. 아몬드 오일은 비타민A와 비타민E가 풍부하게 들어 있어 촉촉하게 수분을 공급하고 입술을 매끄럽게 가꿔 준다. 해바라기씨 오일도 입술 피부를 촉촉하게 만들어 주고 손상된 입술에 영양을 공급해 준다. 녹차도 입술 보습에 도움이 된다. 녹차를 우려내고 난 뒤 티백을 입술 위에 5분간 올려 온팩을 해 주자. 녹차 속의 폴리페놀이 항산화 작용을 해서 노화를 늦춰 주는 효과가 있다.

**Dr. 강현영의
beauty
comment**

카일리 제너처럼 도톰한 입술 만드는 필러 시술

할리우드 최고의 몸매를 자랑하는 모델이자 화장품 회사 CEO로서, 전 세계 여성들의 워너비 스타로 자리매김한 카일리 제너. 그녀가 입술 필러 시술을 받아 관능적이고 두툼한 입술로 이미지 변신을 하면서, 입술 필러 시술이 인기몰이 중이다.

나이가 들면 입술 볼륨도 줄어 입술에 주름이 많아지고 입가가 쪼글쪼글해지며, 입술이 비대칭이 되고 입꼬리도 축 처져 초라한 인상으로 변하게 된다. 이럴 때 활용할 수 있는 입술 필러는 입술에 도톰한 볼륨을 줄 뿐만 아니라, 처진 입꼬리를 올려 주어 입매를 교정하는 효과도 있다. 대체로 입술 필러에는 테오시알, 레스틸렌 같은 약물이 사용되며, 시술 후 1~2년간 효과가 유지된다.

03

동물성 콜라겐이냐,
어류 콜라겐이냐

#콜라겐

피부 탄력 일등공신, 콜라겐

피부를 위해 돼지 껍데기나 족발, 닭발 등을 즐겨 먹는 여성들을 종종 본다. 맛도 맛이지만 쫄깃한 식감을 지닌 돼지 껍데기와 족발 등에 들어 있는 콜라겐이 피부를 탱탱하게 만들어 준다는 생각 때문에 더 인기가 많다. 그래서 돼지 껍데기 등 콜라겐이 들어 있는 음식은 '미각 충족'을 위한 음식이라기보다는 '피부 미용'을 위한 음식으로 인식되고 있다. 요즘은 이러한 음식 외에도 가루로 된 콜라겐 펩타이드나 음료 형태의 콜라겐에 대한 관심도 뜨겁다. 그런 트렌드를 반영하듯, 우리 병원에 내원하는 삼십 대 이상 환자들 대부분의 고민 역시 피부 탄력이다. 그러다 보니 "먹는 콜라겐이 과연 효과가 있나요?"라는 질문을 많이 받곤 한다.

피부 노화 방지에 효과적인 성분으로 알려진 콜라겐은 사실 우리 몸 전체를 구성하는 중요한 단백질 가운데 하나이다.

우리 몸은 여러 가지 단백질로 구성되어 있는데, 그중 콜라겐은 약 3분의 1을 차지한다. 얼굴 피부에만 콜라겐이 필요하다고 생각하면 오산이다. 모발, 눈(각막과 결막 조직의 주성분), 치아(잇몸, 치근막을 이루고 있는 조직), 내장, 방광(괄약근의 주성분), 관절(연골의 주성분), 손발톱 등 머리부터 발끝까지 콜라겐이 없는 부위를 찾기가 힘들 정도이기 때문이다. 치아의 18%, 뼈의 20%, 관절의 35%, 근육의 80%가 콜라겐으로 이루어져 있다. 이처럼 콜라겐은 우리 몸속 모든 기관의 탄성을 유지해 노화를 막아 주고 건강을 유지하는 데 중요한 역할을 한다.

콜라겐이 부족하면 고혈압, 탈모, 퇴행성 관절염 등 만성 질환이 생길 수 있다. 콜라겐은 우리 몸에 있는 거의 모든 조직에 분포하면서 조직과 조직을 쫀쫀하게 연결하는 접착제 같은 역할을 한다. 특히 혈관의 탄력도를 책임지는 것이 바로 콜라겐이다. 혈관은 이완과 수축을 반복하며 혈압을 조절하는데, 혈관의 탄력이 떨어지면 혈압을 원활히 조절하지 못해 고혈압의 원인이 될 수 있다.

나이가 들면서 머리카락이 가늘어지고 한 움큼씩 빠지는 이유도 두피의 모낭 속에 있는 콜라겐이 줄어들기 때문이다. 퇴행성 관절염도 콜라겐 부족과 연관이 있다. 뼈와 뼈가 만나는 관절에 있는 연골 조직의 주요 구성 성분이 바로 콜라겐인데, 오십 대 이후 연골은 수분 감소로 급속히 마모되어 퇴행성 관절염이 진행된다.

시중에는 바르는 콜라겐 화장품도 다양하게 출시되어 있다. 그러나 콜라겐 화장품은 일시적인 보습 효과를 줄 뿐 콜라겐 자체가 우리 피부에 흡수되도록 하는 것은 아니다.

그렇다면 콜라겐을 바르는 대신 먹거나 마셔서 채울 수 있을까? 돼지 껍데기나 족발을 아무리 많이 먹는다고 해도 우리 몸에 흡수되는 콜라겐은 약 2%에 불과하다. 거의 흡수되지 않는 셈이다. 먹고 마신 콜라겐은 다른 동물성 단백질과 마찬가지로 소화기관에서 소화되어 아미노산으로 분해된 뒤 혈액 속으로 들어가 여러 단백질의 합성을 위한 재료로 쓰인다. 단, 어류 속 저분자 콜라겐은 동물성 콜라겐보다 흡수율이 높아 피부 탄력에 도움을 줄 수 있다.

콜라겐 감소가 피부 노화를 촉진한다

피부는 표피, 진피, 피하지방으로 이루어져 있다. 콜라겐은 특히 피부 진피층의 약 70~80%를 차지하고 있어, 피부 탄력과 보습력을 높이는 데 중요한 역할을 한다. 전자현미경으로 피부를 살펴보면 콜라겐은 그물망 형태의 섬유질로 이루어져 있다. 건축에 비유하면 건물의 뼈대, 즉 골조 역할을 하는 것이다. 골조가 약하면 건물이 내려앉는 것처럼 콜라겐이 부족하면 피부는 밑으로 처질 수밖에 없다.

콜라겐은 1000개 이상의 아미노산 분자로 이루어져 있으며, 이 콜라겐 분자 3개가 나선형으로 꼬여서 콜라겐 섬유를 만들어 피부를 단단하게 유지해 준다. 지름 1mm인 콜라겐 섬유가 지탱하는 피부의 무게는 40kg. 인간이 끊임없이 중력의 영향을 받고 살지만 피부가 그만큼 처지지 않는 이유는 바로 콜라겐 덕분이다.

진피층에서는 탄성 섬유인 엘라스틴이 콜라겐을 잡아 주고, 그 사이사이를 물 분자를 끌어당기는 히알루론산이 연결하고 있다. 피부 진피층의 성분 중 하나인 프로테오글리칸도 최근 들어 주목받고 있다. 프로테오글리칸은 연골과 피부 진피를 구성하는 물질로, 세포 외벽을 만들고 체내 조직을 유지하며 콜라겐과 히알루론산의 생성을 유도한다.

우리 몸은 평생 콜라겐을 생성하지만 문제는 노화로 생성하는 속도보다 소멸되는 속도가 빨라지기 시작한다는 것이다. 진피층에 있는 섬유 아세포는 콜라겐의 생성과 합성에 관여하는 '콜라겐 공장'이다. 그러나 섬유 아세포의 수가 줄고 기능이 저하되면 콜라겐 생성을 하지 못할 뿐 아니라 콜라겐 층도 얇아진다.

피부 속 콜라겐 양은 25세 이후 해마다 1%씩 감소하고 사십 대가 되면 감소 속도가 빨라져 이십 대의 절반으로, 오십 대가 되면 3분의 1로 줄어든다. 전자현미경으로 관찰하면 이십 대의 콜라겐은 그물망이 촘촘한 반면, 오십 대의 콜라겐은 성글다. 또한 폐경 후 5년 사이에 남은 콜라겐의 30%가 사라진다. 폐경이 되면 콜라겐의 합성을 돕는 에스트로겐의 분비가 확 줄어들기 때문이다.

 콜라겐 생성을 저해하는 생활 습관

1. 자외선에 의한 광노화
자외선에 의해 진피층에 생성된 활성산소가 콜라겐을 파괴한다. 피부의 온도가 41℃가 되면 콜라겐을 분해하는 효소가 생겨 피부 노화를 촉진시킨다.

2. 니코틴 성분의 콜라겐 합성 저해
미국 오하이오주 케이스웨스턴리저브대학의 성형외과 연구진은 일란성 쌍둥이 49쌍을 흡연자와 비흡연자로 나누어 피부 노화도를 분석했다. 그 결과 흡연자는 비흡연자에 비해 얼굴에 깊은 주름이 생기고 색소가 침착된 모습을 볼 수 있었다. 니코틴이 콜라겐 합성을 막아 탄력이 저하되었기 때문이다.

3. 과도한 설탕 섭취로 인한 피부 노화 촉진
네덜란드 레이던대학 메디컬센터에서 50~70세 남녀 600명을 대상으로 설탕 섭취량과 외모의 상관관계를 연구했다. 그 결과, 혈액 내 포도당 수치가 높을수록 실제 나이보다 더 늙어 보이는 것으로 나타났다. 설탕이 몸속에서 분해될 때 콜라겐과 엘라스틴 섬유의 생성 속도를 늦추기 때문이다.

동물성 콜라겐 vs 어류 콜라겐

2018년 초, 한 방송사의 노화의 비밀을 다룬 특별기획 다큐 제작진과 함께 흥미로운 실험을 진행했다. 70년 개띠, 49세 동갑내기 여성 다섯 명의 식습관과 피부 노화의 상관관계를 알아보기 위한 실험이었다. 다섯 명의 여성이 평소 즐겨 먹는 음식은 각각 고기, 밀가루, 어류, 채소, 그 외 음식 등으로, 서로 판이하게 달랐다. 그런데 피부 나이를 측정한 결과, 평소 어류를 즐겨 섭취한 여성의 피부 나이가 가장 어리게 측정됐다. 어류 속 저분자 콜라겐이 동물성 콜라겐보다 흡수율이 높기 때문에 동안 피부를 만들어 낸 것이다.

실제로 2014년 독일 키엘대학에서 35~55세 사이의 여성 69명을 대상으로 8주간 2.5~5g의 콜라겐 보충제를 섭취하게 했더니, 4주 만에 피부 탄력과 수분량이 증가했다는 연구 결과가 있다.

종종 환자들이 "피부 탄력을 위해 콜라겐이 많이 들어 있는 음식을 먹고 싶은데 무엇이 있나요?" 하고 물으면, 나는 명태 껍질을 추천한다. 말라비틀어진 듯 보이는 명태 껍질이 콜라겐 덩어리라니 의외라는 반응이 많다. 사실 콜라겐 흡수 여부는 분자의 크기가 관건이다. 동물성 콜라겐은 아미노산이 3000개 이상 뭉쳐진 고분자 구조이기 때문에 거의 흡수되지 않고 밖으로 배출된다. 우리 몸에 흡수된다 하더라도 표적 기관까지 가는 데 시간이 걸리기 때문에 흡수율과 이용률이 떨어질 수밖에 없다.

반면 명태 껍질이나 홍어 껍질에 들어 있는 어류 콜라겐은 분자량이 작아서 흡수가 잘 된다. 콜라겐은 특히 어류의 눈과 코 주변에 집중되어 있다. 일본 세포개선의학협회의 연구에 의하면, 동물성 콜라겐의 흡수율이 2%인데 비해, 상어 지느러미 등 어류 콜라겐의 흡수율은 약 84%에 이른다. 일본의 연구진은 어류 콜라겐을 1만 분의 1로 쪼갠 저분자 콜라겐 펩타이드를 쥐에게 먹이고 방사선으로 관찰한 결과, 24시간 뒤에 피부, 뼈, 연골, 힘줄 등의 조직에 흡수된 것을 확인했다.

방송 중 만난 한 여성은 고관절에 무혈성 괴사증이 발병해 걷는 것조차 힘들었다. 하지만 콜라겐이 관절에 좋다는 이야기를 듣고 홍어 껍질, 아귀 껍질, 복어 껍질 등을 먹은 뒤 이제는 가까운 거리를 걸어 외출할 수 있을 만큼 증상이 호전됐다. 콜라겐 젤 안에 함유된 표현형 연골세포가 기능적으로 완벽한 유리질 연골과 함께 관절 연골 손상을 회복시킬 수 있는 방법을 제공한 것이다.

국내에서도 한 연구 기관이 사십 대에서 육십 대 여성 70명에게 어류 저분자 콜라겐 펩타이드를 6주 동안 하루에 1000mg씩 복용하게 하는 임상 시험을 진행했다. 그 결과 보습 효과뿐 아니라 눈가 주름 및 피부 탄력 개선 효과를 보인 것으로 나타났다.

피부 속 콜라겐 생성을 돕고 싶다면 어류 콜라겐을 비타민C와 함께 섭취하자. 비타민C는 콜라겐의 흡수율을 높이며, 피부 탄력과 화이트닝 효과까지 얻을 수 있다.

하지만 보다 빠른 시간 안에 효과를 보고 싶다면, 피부과를 찾아 탄력이 떨어진 콜라겐을 변성시켜 새로운 콜라겐으로 재생시키는 시술을 받는 것도 방법이다.

 명태 껍질 샐러드로 콜라겐 충전하기

우리 몸에 쏙쏙 흡수되는 어류 콜라겐을 맛있는 요리로 섭취해 보자. 대표적인 '콜라겐 덩어리'인 명태 껍질로 샐러드 만드는 법을 소개한다.

재료: 기호에 맞는 채소, 올리브 오일, 레몬즙, 간장, 마늘, 쪽파, 참깨
① 파프리카, 양상추, 셀러리 등 생으로 먹을 수 있는 각종 채소를 손질한다.
② 달궈진 팬에 명태 껍질을 볶는다. 질기지 않고 바삭해지도록 오래 볶아야 한다.
③ 올리브 오일과 레몬즙, 간장, 마늘, 쪽파, 참깨를 섞어 샐러드 소스를 만든다.
④ 채소와 볶은 명태 껍질을 볼에 담고, 소스를 뿌리면 명태 껍질 샐러드 완성.

November

11월

#오일 클렌징

#얼굴 주름

#세라마이드

01

건조한 가을철, 나도
오일 클렌저 써 볼까?

#오일 클렌징

아침 세안은 물로만 해도 충분하다?

'화장은 하는 것보다 지우는 게 중요하다'라는 말은 광고 속 카피를 넘어 피부를 위한 절대 명제이다. 자외선 차단제며 파운데이션, 파우더 등 화학 성분이 함유된 화장품을 겹겹이 바르고, 틈틈이 덧바르고, 피지며 땀이 뒤섞인 상태, 즉 절반은 화장품 절반은 노폐물인 상태 그대로 잠든다면 이튼 날 뽀루지는 물론이고 푸석푸석하고 칙칙한 안색으로 아침을 맞이해야 할 것이다.

클렌징은 단순히 메이크업을 지우는 것이 아니라 피지와 노폐물을 제거 하고 유분과 수분의 밸런스를 맞춰 주는 스킨 케어의 과정이다. 철저한 클 렌징이 피부 관리를 위한 기본이라는 걸 대부분의 여성들이 잘 알고 있기 에, 저녁 클렌징은 몸이 피곤하고 아파도 이중 삼중으로 한다. 그렇다면 아 침 세안은 어떻게 하고 있나?

저녁 세안은 온종일 갑갑하게 얼굴을 덮고 있던 메이크업을 지우느라 클 렌저를 사용하지만, 아침에는 물로만 세안을 하는 것이 피부에 더 좋다고 생각하는 사람들이 많다. 클렌저의 화학적 성분으로 인한 피부 자극을 줄 여 주려는 생각일 것이다. 실제로 아침 세안은 물로만 한다고 말하는 연예 인들도 종종 본다.

그런데 사실 물로만 하는 세안은 노폐물을 제대로 제거하기 힘들다. 잠을 자고 있는 동안에도 피부는 쉬지 않고 일을 한다. 그 결과 피지와 유분이 계속 만들어지는데, 지나친 양이 분비되면 모공을 막아 피부 트러블을 일으키고 여드름까지 유발한다. 특히 지성 피부나 복합성 피부라면 아침 세안할 때 반드시 클렌저를 사용할 것을 권한다.

건성 피부라면 아침에 클렌저를 사용할 경우 건조함을 느낄 수 있다. 그렇다고 물로만 세안을 한다면 지난밤에 바른 에센스나 세럼, 수분크림 등이 피부에 남게 되어 아침에 바르는 스킨과 로션 등 기초 화장품의 흡수를 방해하게 된다. 따라서 클렌저를 사용하되, 보습력이 강화된 제품의 사용을 권한다.

오일 클렌저, 이것만은 따져 보자

저녁에 세안을 하는 일반적인 순서는 포인트 메이크업 전용 클렌저로 입술과 눈 화장을 지운 뒤, 클렌징 워터 등으로 얼굴 화장을 지우고, 거품이 풍성하게 나는 클렌징 폼으로 씻어 내는 것이다.

메이크업을 지우는 클렌징 제품의 경우 워터, 로션, 크림, 젤 타입에 비해 오일 타입의 클렌저를 많이 사용한다. 오일 클렌저는 메이크업 제품 속 오일 성분을 깨끗이 녹여 주고, 피부 각질층은 보호해 피부 속 유분과 수분을 지켜 주기 때문이다.

오일 클렌저를 고를 때는 세정력과 유화성, 보습력을 따져 봐야 한다. 세정력이란, 메이크업을 깨끗하게 지워 주는가 여부다. 아무리 천연 성분이 들어 있어 안심하고 피부에 사용할 수 있는 오일 클렌저라 해도 메이크업을 깨끗이 지워 주지 못한다면, 클렌저 본연의 역할을 다하지 못하는 것이다. 무엇보다 메이크업 잔여물이 피부에 남아 모공을 막으면 피부 트러블의 원인이 될 수 있다.

오일 클렌저는 세정력만큼이나 유화성도 좋아야 한다. 기름이 물에 녹아 잘 씻겨 나가는 성질이 유화성이다. 따라서 유화성이 좋은 오일 클렌저를 사용해야 세안 후 기름기가 남지 않는다. 화장품은 기본적으로 워터 베이스와 오일 베이스가 합쳐져 만들어진다. 오일 베이스가 많으면 콜드크림이나 마사지크림처럼 유분이 많은 크림 타입이 되고, 반대로 워터 베이스가 많으면 묽은 로션 타입이 되는 것이다.

오일 클렌저를 사용할 때는 얼굴에 오일을 바른 뒤 물을 묻혀 롤링하며 메이크업을 녹여 낸다. 친유성 성분뿐 아니라 친수성 성분도 함유되어 있어야 오일 성분으로 각질과 노폐물을 모두 제거하고 난 뒤 물로 개운하게 씻어 낼 수 있다.

제품 선택에 있어 보습력을 따지는 일을 소홀히 해서는 안 된다. 오일 클렌저로 메이크업을 지우고 세안을 마쳤는데 피부가 촉촉해지기는커녕 피부 속 유분과 수분 밸런스가 깨져 피부 땅김이 느껴진다면 오일의 보습력이 약한 것이다.

세정력, 유화성, 보습력 등 기능적인 면을 따져 보았다면, 마지막으로 화학 성분의 합성 계면활성제가 들어 있지 않은지도 살펴봐야 한다. 합성 계면활성제는 노폐물뿐만 아니라 피부 보호막의 지질 성분까지 제거해 피부를 건조하게 만들기 때문이다. 대표적인 계면활성제로는 앞서도 언급한 소듐라우릴설페이트, 소듐라우레스설페이트 등이 있다.

1. **파라벤:** 여성 호르몬 교란 물질로 논란이 끊이지 않는다. 요즘은 화장품이나 세정용품 성분에서 배제되고 있는 추세다.

2. **소듐라우릴설페이트:** 비누, 세제, 치약 등에 사용되는 계면활성제로, 피부에 흡수되어 피부 알레르기, 탈모, 백내장 등을 일으킨다.

3. **소듐라우레스설페이트:** 1군 발암물질로 악명 높은 에틸렌옥사이드가 함유되어 있어, 피부 건조를 유발하고 피부 노화를 촉진시킨다.

4. **트리클로산:** 항균 및 살균 보존제로, 피부를 통해 흡수되어 유방암이나 불임, 갑상선 기능 저하 등을 유발한다.

5. **아보벤존:** 자외선을 흡수해 피부 침투를 막아 주는 화학적 자외선 차단 성분으로, 잔여물이 피부로 흡수되면 피부 트러블을 유발하며 DNA를 손상시키고 암을 유발한다.

6. **옥시벤존:** 벤조페논–3라고도 하며 고체이나 대부분의 유기용매에서 쉽게 녹는 성질을 가지고 있다. 화학적 자외선 차단 성분으로 알레르기나 호흡기의 장애를 유발하는 것으로 알려져 있다.

7. **아이소프로필알코올:** 공업용 알코올로, 화장품에는 방부제나 살균제로 사용된다.

8. **트리에탄올아민:** 화장품의 산도조절제, 계면활성제로 쓰이며, 마스크팩에 들어 있어 논란이 되었다. 알레르기, 피부 건조증, 접촉성 피부염을 유발하며, 쿼터늄 15나 이미다졸리디닐우레아 등과 함께 쓰이면 암을 유발할 수 있다.

피부 타입별 맞춤 클렌징

오일 클렌저의 수요가 많아진 탓에, 화장품 회사마다 기능성이 강화되고 천연 성분이 함유된 제품을 앞다투어 내놓고 있다. 그런데 사실 오일 클렌저는 건성 피부에 적합한 제품이다. 건성 피부는 클렌징 후 수분이 금세 증발해 얼굴이 땅긴다. 그래서 마사지하듯 부드럽게 롤링하여 자극받은 피부를 진정시키고 수분막을 형성해 줄 수 있는 오일 타입 또는 크림 타입의 클렌저를 사용하는 것이 좋다. 마무리 세안은 저자극의 약산성 폼 클렌저를 권한다.

피지 분비가 많은 지성 피부는 사용감이 가볍고 산뜻한 워터 혹은 젤 타입 클렌저를 추천한다. 오일 클렌저가 대세라고 잘못 사용했다가는 오일 성분이 모공을 막아 피부 트러블이 생길 수 있다. 1차로 메이크업을 깨끗이 닦아 낸 뒤에는 폼 클렌저로 한 번 더 잔여물을 씻어 낸다. 지성 피부는 일주일에 1~2회 딥 클렌징이 필요하므로, 스팀 타월로 모공을 열어 준 다음 저자극 스크럽제로 모공 속 노폐물과 묵은 각질을 제거해 준다. 딥 클렌징을 한 뒤에는 모공 수축과 피지 조절 기능을 가진 토너로 피부를 진정시켜 준다.

복합성 피부는 지성과 건성의 특성을 모두 가지기 때문에 더 세심하게 클렌징해야 한다. 유분이 많은 T존은 젤이나 워터 타입 클렌저로 닦아 내고, U존은 쉽게 건조해지기 때문에 오일이나 크림 타입 클렌저를 사용하는 것이 좋다. 흔히 화장을 지울 때 나도 모르게 힘을 주어 문지르는데, 너무 강한 마찰은 피부에 자극이 되므로 부드럽게 마사지하듯 클렌징하도록 한다. 또한 아래에서 위로, 얼굴 중앙에서 바깥쪽으로 마사지하면 주름이 생기는 것을 막을 수 있다.

　우리 피부에 이상적인 유분과 수분 밸런스는 3대 7이다. 중성 피부라면 유·수분 밸런스가 잘 맞는 상태이기 때문에 워터, 로션, 젤, 크림 등 다양한 타입의 클렌저를 사용해도 무방하다. 그래도 굳이 한 가지를 추천한다면, 끈적임이 없는 로션 타입 클렌저다. 피부 노폐물을 깨끗이 제거하고 유분과 수분을 적절히 남겨 피부를 촉촉하게 만들어 주기 때문이다. 아울러 피부에 각질이 쌓여 안색이 칙칙할 때는 1~2주에 한 번 정도 스크럽을 해서 각질을 제거해 주면 투명하고 맑은 피부 상태를 유지할 수 있다.

TIP **눈과 입술 포인트 메이크업부터 지우자**

포인트 메이크업 리무버는 대부분 오일 성분으로 이루어져 있다. 색조 메이크업을 지우는 데 효과적이기 때문이다. 그래서 포인트 메이크업 리무버를 굳이 따로 사용하지 않고 오일 타입의 클렌저 하나로 얼굴 전체를 클렌징하는 경우가 많다.

그런데 눈가나 입술은 피지선이 없고 피부가 예민하기 때문에 다른 부위의 메이크업 잔여물이나 노폐물이 묻으면 트러블을 일으키고, 이는 피부 노화로 이어질 수 있으니 주의하자. 같은 클렌저를 사용하더라도 눈과 입술 포인트 메이크업은 먼저 지우고 나서 얼굴 메이크업을 지우는 것이 좋다.

02 피부 구김살, 주름을 펴자

반갑지 않은 세월의 흔적, 주름

친구 중 하나가 이런 얘기를 한 적이 있다. 아이 낳고 아이에게 모든 것을 투자하며 알뜰살뜰 사느라 자기 관리는 저 멀리 안드로메다로 보낸 다른 친구를 보며, 자신은 그래도 골드미스라 '고급진' 명품 의상과 액세서리로 외모를 꾸미고 해외 여행이나 자기계발에 투자할 돈과 시간이 있어 내심 다행스러웠다고 한다. 그런데 어느 날 거울을 유심히 들여다보다가 깜짝 놀랐다는 것이다. 눈가와 입가에 자글자글하게 자리 잡은 주름 때문이었다고. 눈을 치켜뜨니 세상에나, 이마에도 굵은 주름이 잡히더라는 것이었다. 친구는 미처 주름 관리에는 신경 쓰지 못했다며 하소연을 늘어놓았다.

"어쩜 이렇게 주름이 갑자기 생길 수 있어? 예고도 없이 말이야!"

어느 날 얼굴에서 주름을 발견하는 순간, 주름이 반가운 사람은 아마 없을 것이다. 푸르던 청춘이 저 멀리 사라진 것 같고 '노화'라는 단어가 소름 끼치도록 피부에 와닿아 우울하고 서글프기만 하다. 눈가와 입가에 깊게 팬 주름에 하회탈이 연상되고, 눈가 주름이 부드러운 인상을 준다는 말도 별로 위로가 되지 않는다. 게다가 아이러니하게도 주름은 걱정을 하면 할수록 더욱 늘어난다고 한다.

'까마귀 발자국 주름', '팔자 주름', '불도그 주름', '근심 주름' 등 귀엽기도 하고 처량하기도 한 이름이 붙은 가지각색의 주름들. 어느 날 갑자기 굵은 주름을 발견하게 된 것은 안타까운 일이지만, 주름은 이십 대부터 생기니 예고 없이 나타났다고는 할 수 없다. 누구나 아기 때는 얼굴 살이 포동포동하고 탱탱하다. 하지만 이십 대 이후에도 아기 때 피부와 똑같이 탱탱한 사람은 없다. 이십 대 이후 진피층 속에서 피부를 단단하게 잡아 주는 '단백질 실'인 콜라겐과 엘라스틴이 감소하기 때문이다. 젊어서는 날렵한 V라인 얼굴이었는데 사십 대를 넘어서면서 차츰 턱선이 무너지는 이유도 콜라겐과 엘라스틴 감소 때문이다. 그동안 피부를 탱탱하게 만들어 주던 피하지방이 아래로 처지면서 얼굴형도 변하고 자글자글한 주름도 생긴다.

스스로 피부 탄력도를 체크하는 단순한 방법이 있다. 볼을 2분간 꾹 누른 뒤 자국 없이 원 상태로 회복되는 데 시간이 얼마나 걸리는지 알아보는 것

TIP 얼굴 주름 예방하는 셀프 리프팅 마사지

광대뼈 윗부분에서 옆통수 부근에 부채꼴 모양으로 자리한 근육을 측두근이라 한다. 측두근을 자극해서 림프 순환을 원활하게 해 주어 주름을 예방하자.

① 양 손바닥으로 측두근을 누르고 위아래로 흔들어 준다.
② 손가락으로 원을 그리며 측두근 부위를 위로 당긴다. 손가락에 힘을 주어 마사지해야 피하층까지 자극이 전달된다.
③ 손가락으로 측두근을 누른 상태에서 입을 벌렸다 다물기를 반복한다.

이다. 보통 이십 대는 5분이면 자국이 사라지지만, 삼십 대는 5분 이상 걸리고, 사십 대의 경우 한 시간 넘게 자국이 남기도 한다.

같은 원리로 체크할 수 있는 게 얼굴에 새겨진 베개 자국이다. 베개에 얼굴을 파묻고 옆으로 자다 보면, 베개의 무늬가 얼굴에 새겨져 자국을 만든다. 아침 세안을 하고 화장을 하는 동안 베개 자국이 사라진다면 피부 탄력도가 좋은 편이다. 그러나 한 시간 이상 자국이 사라지지 않는다면, 피부 노화로 인해 탄력이 많이 떨어져 있는 상태라고 볼 수 있다.

주름, 왜 생기는 것일까?

이십 대 후반이나 삼십 대 초반 젊은 나이에도 주름 때문에 고민하는 사람들을 종종 만난다. 젊은 나이에 주름이 생기는 이유는 과도한 표정 때문이다. 얼굴에는 약 60개의 근육이 있고 그중 약 35개는 표정을 지을 때 사용된다. 하루에도 수십 번 감정이 변하고 그때마다 웃거나 울거나 샐쭉하거나 찡그리거나 삐죽거리는 등 표정 근육은 열심히 일을 한다. 그런데 표정 근육을 과도하게 사용하면 피부가 접히는 부분이 많아져 얼굴 주름이 생길 수밖에 없다. 예컨대 눈을 습관적으로 자주 찡그리거나 인상을 쓰면 눈가 주름과 미간 주름이 깊어지고, 입가에 힘을 주어 활짝 웃는 습관은 팔자 주름을 만든다. 또한 코를 찡긋거리는 표정은 미간 주름을 만들고, 이마에 힘을 주어 눈을 치켜뜨는 표정은 이마 주름을 만든다. 혹시라도 무의식 중에 이런 표정을 짓고 있지는 않은지 살펴보자.

눈꼬리에 생기는 까마귀 발자국 주름, 입 주변에 생기는 팔자 주름, 이마에 생기는 근심 주름은 노안을 만드는 3대 주름이다. 중년 여성들은 주름이 굵어질까 봐 웃고 싶어도 웃지 못하거나, 웃음이 터지면 손으로 눈가를 당기거나 팔자 주름을 펴는 모습을 흔히 볼 수 있다. 그런데 주름은 웃음을 참거나, 눈가와 입가를 손으로 누른 채 웃는다고 해서 생기지 않는 것이 아니다. 노화로 인한 콜라겐 감소가 주름을 만들기 때문이다.

주름이 생기는 가장 큰 이유는 노화 때문이다. 의학적으로 노화란 세포의 기능이 떨어진 상태를 말한다. 노화로 인해 피부 속 콜라겐과 엘라스틴이 감소해 탄력이 떨어지면 표정을 지을 때 계속 접히는 부분이 복원되지 않고 주름으로 남는다. 앞서 얘기했듯이, 이십 대 중반 이후 피부 진피층의 콜라겐은 해마다 1%씩 감소한다. 이십 대에는 콜라겐이 분해되어 사라지는 속도와 생성되는 속도가 엇비슷해 피부 노화가 눈에 띄지 않지만, 삼십 대를 넘어서면 얘기가 다르다. 콜라겐 생성 속도보다 사라지는 속도가 더 빨라지기 때문이다. 사십 대를 넘어서면 콜라겐은 거의 생성이 되지 않는데 분해되는 속도만 빨라지니, 피부 노화가 급속히 일어나 주름이 생기는 것은 물론이고 피부가 전반적으로 처지고 모공도 늘어져 넓어진다.

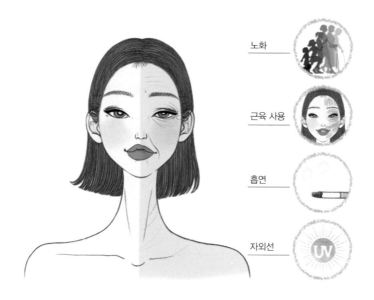

노화

근육 사용

흡연

자외선

이미 가느다란 주름이 생겼다면 더 이상 굵어지지 않도록 관리하는 것이 중요하다. 이때는 뭉친 근육을 풀어 주고 처진 근육을 위로 당겨 주는 페이스 요가가 도움이 된다. 얼굴 근육은 이마 부위인 상안면, 눈과 코와 광대가 있는 중안면, 입 부위인 하안면으로 나뉜다. 이중 '사과 같은 미소'를 만들어 주는 애플존이 바로 중안면에 있다. 중안면 근육이 발달해야 입꼬리가 처지지 않는다. 1월에 소개한 페이스 요가 방법을 참고하여 주름을 관리하자.

TIP 피부 주름 펴는 다시마 팩

다시마의 끈끈한 성분인 알긴산은 피부 속 중금속과 노폐물, 과다한 피지 등을 흡착해 제거해 준다. 또한 다시마는 피부 면역력을 높이고, 자기 중량 200%에 해당하는 수분을 저장하고 있어 피부에 수분을 공급한다.

재료: 손바닥 크기 다시마 1개, 정제수 100㎖, 꿀, 밀가루
① 다시마를 10분 정도 물에 담가 염분을 뺀다.
② 정제수에 다시마를 넣고 24시간 우려낸다.
③ 다시마 우린 물, 꿀, 밀가루를 2:3:3 정도로 섞어 팩을 했을 때 흘러내리지 않도록 농도를 조절한다.
④ 팔 안쪽에 패치 테스트 후 얼굴에 거즈나 마스크 전용 시트를 깔고 팩을 올린다. 15분 후 물로 씻어 낸다.

10년 어려 보이는 동안 얼굴, 그 시작은 주름 관리

피부과를 찾는 환자들 대부분은 피부가 처져서, 주름이 많아져서, 모공이 커져서 고민이라고 호소한다. 이 세 가지는 노화와 밀접한 관련이 있다. 주

름을 만드는 대표적인 원인은 바로 피부 노화인 것이다. 주름은 피부 노화로 인해 탄력이 떨어졌기 때문에 생긴다. 그와 더불어 수분이 부족해 피부가 건조하거나, 혈액 순환이 제대로 이루어지지 않아도 주름이 잘 생긴다.

피부 주름을 펴기 위해 해야 할 일은 먼저 페이스 요가나 마사지로 뭉쳐 있는 표정 근육을 풀어 주는 것이다. 표정을 지을 때 자주 사용되는 근육들은 뭉쳐서 아래로 처져 주름을 만든다. 볼펜을 입에 물고 입꼬리를 위로 올린 채 '아애이오우'를 하거나, 천장을 바라보고 30초, 다시 정면을 바라보고 30초 버티기를 5회씩 3번 정도 반복하면 피부 처짐과 주름이 굵어지는 것을 예방할 수 있다.(20페이지 참고)

림프 순환이 제대로 안 되는 경우에도 주름이 생기기 쉽다. 우리 몸속 노폐물을 처리하는 림프는 림프관을 따라 흐르고 있다. 그런데 림프 순환이 제대로 이루어지지 않아 노폐물이 배출되지 못한 채 쌓이게 되면 피부 탄력이 저하되고 주름이 생기는 것이다. 혈액은 심장 박동에 의해 온몸으로 이동하지만, 림프는 동력원이 없기 때문에 마사지를 통해 순환을 촉진시켜 줘야 한다.

기능성 화장품을 사용하는 것도 주름 관리에 도움이 된다. 이십 대에는 노화가 뭔지 주름이 뭔지 관심을 기울이지 않다가 나이가 들고 어느 순간 얼굴에 잔주름이 보인다면, 매일 하는 케어에 기능성 화장품을 하나 더해서 잔주름이 굵은 주름이 되는 일을 최대한 막는 것이 좋겠다. 식약처가 기능성 화장품 성분으로 인증한 레티놀, 레티닐팔미테이트, 메디민A(폴리에톡실레이티드레틴아마이드), 아데노신이 들어 있는 주름 개선 화장품을 선택할 것을 권한다. 보톡스와 비슷한 효과를 내는 아세틸헥사펩타이드-8은 근육에 직접 작용하지는 않지만, 일시적으로 안면 근육의 수축을 억제하여 눈가나 입가의 잔주름을 완화한다.

주름 개선 화장품의 관건은 흡수율이다. 피부 장벽을 뚫고 어디까지 들어

가느냐가 중요한데, 저분자 펩타이드 형태인 경우 피부 흡수율이 높다.

요즘 1일 1팩을 하는 사람들이 많은데, 팩도 주름 개선에 도움이 된다. 그런데 주의할 점이 있다. 수분 팩은 1일 1팩으로 사용해도 괜찮지만, 주름 개선이나 안티에이징 등 기능성 성분은 매일 사용하면 피부에 자극을 주어 트러블을 유발할 수 있으니 주 2회 정도 사용하는 것이 좋다. 또한 한 가지 제품을 4주 정도 연속적으로 사용해야 효과를 볼 수 있다. 따라서 1일 1팩을 한다면 7일 중에서 5일은 수분 팩이나 워시오프 타입의 모공 케어 팩, 2일은 리프팅 등 안티에이징 성분이 들어간 기능성 팩을 사용할 것을 권한다.

주름 관리에도 이너 뷰티를 빼놓을 수 없다. 콜라겐이 많이 들어 있는 어

 주름 펴는 시술, 무엇이 있을까?

탄력이 떨어져 푸석푸석해지고 주름이 눈에 띄기 시작하면 콜라겐 펩타이드나 보톡스 성분이 들어간 세럼으로 주름 케어를 하기 시작한다. 하지만 이런 기능성 화장품으로 충분하지 않다면 시술을 선택할 수 있다. 주름을 펴는 시술, 무엇이 있을까?

◆보톡스: '보툴리눔 톡신'이 정확한 이름이다. 독소에서 추출한 성분으로, 피부 밑 근육을 일시적으로 마비시켜 과도한 표정으로 인해 생기는 주름의 발생을 막아 준다. 보톡스는 다다익선보다는 과유불급. 너무 많은 양을 주입하면 표정이 어색해질 수 있으니 전문의와 충분히 상담한 후에 진행하자.

◆필러: 말 그대로 피부 중에서 볼륨이 꺼진 부위에 히알루론산 충전제를 주입하는 시술이다. 진피층에 주입해 피부 노화로 인해 생긴 주름을 개선하고 얼굴 윤곽을 부드럽게 만든다.

◆리프팅 레이저: 레이저로 피부 진피층 콜라겐과 엘라스틴을 재생하고 피부 탄력을 회복시킨다. 눈가 주름, 입가의 팔자 주름 등을 개선하는 효과뿐 아니라 피부 탄력 저하로 인해 늘어진 모공을 축소해 피부를 탄력 있고 매끄럽게 만든다.

류, 항산화 성분인 안토시아닌, 폴리페놀 등이 풍부한 과일과 채소를 섭취하는 식습관이 중요하다. 안토시아닌은 자두, 포도와 블루베리, 아사이베리, 크랜베리 등 베리류에 풍부하게 들어 있다. 사과에는 퀘르세틴, 귤에는 비타민C가 풍부해 피부 노화를 늦춰 준다. 또한 비타민E가 풍부한 견과류를 섭취하면 피부 재생, 주름 개선에 도움이 된다.

페이스 요가를 하고 기능성 제품을 바르고 식습관을 바꾼다 해도, 건조한 환경과 자외선에 노출되면 아무 소용이 없다. 따라서 실내 적정 습도를 유지하고, 매일 꼼꼼히 자외선 차단제를 바르는 것을 잊지 말자.

03 피부 수분 폭탄, 곤약감자

#세라마이드

곤약감자로 피부 장벽을 지키자

겨울로 넘어가는 계절의 길목, 찬 바람이 불고 대기가 건조해지면 피부는 푸석푸석하고 따갑기까지 하다. 속 보습이 중요하다는데, 건성 피부는 수분이 메말라 사막처럼 쩍쩍 갈라지는 피부 때문에 편할 날이 없다. 지성 피부라고 나을 게 있을까. 유·수분 밸런스가 깨져 속은 건조하고 겉은 번들거리는 통에 고민이 깊다.

피부 건조는 건성 피부에게는 자글자글한 주름을 유발하고, 지성 피부에게는 트러블을 유발하는 '피부 악'이다. 피부 수분을 보충하기 위해 수분크림도 바르고 미스트도 뿌려 보지만 촉촉함은 잠시뿐. 조금만 방심하면 다시 피부는 떨어지는 낙엽처럼 바싹 마른다.

우리 몸속부터 수분을 채우는 일이 중요한 것은 바로 이 때문이다. 혹시 피부에는 열심히 수분크림을 바르면서 물 대신 커피와 청량음료를 즐겨 마시고 있지는 않은가. 커피 속 카페인은 이뇨 작용을 해서 마신 분량보다 더 많은 수분을 몸 밖으로 배출시키고, 청량음료 속 식품 첨가물과 당분은 건강에는 물론이고 피부에도 좋지 않다는 사실을 명심하자.

다이어트 식품의 대명사인 곤약. 곤약은 95%가 수분이라 섭취하면 몸속 수분까지 채워 준다. 칼로리가 낮고, 주성분인 글루코만난이 수분과 식이섬유로 이루어져 있어 포만감을 주기 때문에 다이어트 식품으로 잘 알려져 있다. 글루코만난은 혈중 콜레스테롤을 낮추는 데 도움을 준다.

흔히 곤약이 우뭇가사리 사촌쯤 되는 해초일 것이라고 생각하지만, 곤약의 원재료는 토란과 식물인 곤약감자다. 곤약감자에는 피부 장벽을 지켜 주어 수분 손실을 막는 세라마이드가 들어 있다. 세라마이드는 피부 각질층의 40~60%를 차지하는 지질 성분이다. 보습 화장품의 주성분으로 사용되는 세라마이드는 각질세포 사이사이를 연결하는 접착제 역할을 해서 피부 속 수분 증발을 막는다. 피부 노화로 인해 세라마이드가 줄어들면 각질층이 무너져 진피층의 콜라겐과 엘라스틴이 파괴되며, 이로 인해 피부가 건조해지고 탄력이 떨어지며 주름이 생기는 것이다. 이때 심하면 피부염이나 건조증이 생기기도 한다.

우리보다 일찍 다이어트와 피부 보습에 곤약을 활용해 온 일본에서는 곤약감자에 대한 연구가 활발하게 진행되어 왔다. 일본 〈화장품 저널〉에 따르면 곤약감자가 피부 콜라겐 생성을 증가시킨다는 연구 결과가 있다.

곤약감자는 보습이 중요한 건선이나 아토피 환자들에게도 좋다. 피부 장

벽이 무너지면 피부 면역력이 떨어지고 유해 세균이 피부 속으로 침투해 염증을 일으켜 상태를 더욱 악화시킨다. 그런데 곤약감자를 섭취하면 세라마이드 성분이 피부 보호막을 강화하고 수분 손실을 막아, 가려움증과 발진이 완화되는 등의 긍정적 효과를 볼 수 있는 것이다.

세라마이드는 쌀겨나 밀, 대두 등에도 들어 있지만, 뭐니 뭐니 해도 곤약감자에 가장 많이 들어 있다. 단, 곤약감자 섭취 시에는 주의할 점이 있다. 생으로 먹어서는 안 되며, 익히기 전까지는 손으로 직접 만지지 말아야 한다는 것. 토란과 식물은 흔히 알레르기를 유발할 수 있기 때문이다.

TIP 먹기 좋고 피부에도 좋은 곤약 무침 만들기

곤약감자는 구하기도 어렵고 다루기도 번거로우므로 곤약으로 대신하자. 피부 수분 폭탄인 곤약은 칼로리가 낮아 다이어트용 곤약 음료로 많이 판매되고 있다. 하지만 그보다는 식재료 곤약을 섭취하여 피부 면역력을 높여 주는 것도 굿 아이디어다. 도토리묵이나 메밀묵처럼 묵 형태로 시판 중인 곤약을 이용해 무침을 만들어 보자. 밑반찬으로 즐겨 먹으면 수분 충전과 다이어트, 일석이조의 효과를 누릴 수 있다.

재료: 곤약 300g, 양파 1/4개, 당근 1/2개, 상추
양념장 재료: 간장 3큰술, 고춧가루 2큰술, 다진 마늘 약간, 설탕 1/2큰술, 참기름과 통깨 약간
① 양파와 당근은 채 썰고, 상추는 먹기 좋은 크기로 뜯어 놓는다.
② 양념장 재료를 섞어 채소를 버무린다.
③ 마지막으로 썰어 놓은 곤약을 넣어 살살 버무려 준다.

세라마이드 풍부한 미강

현미를 백미로 도정할 때 분리되어 떨어져 나가는 쌀겨와 쌀눈을 미강이라고 한다. 미강에는 세라마이드가 풍부하게 들어 있어 피부를 촉촉하게 해 준다. 피부가 나이 들수록 점점 건조해지는 이유 중 하나는 바로 세라마이드의 감소 때문이다. 피부 건조로 인해 각질층이 붕괴되면 외부 세균이 침투해 피부가 손상되는 것은 물론이고, 촉촉하게 자리 잡고 있던 수분이 증발돼 가렵고 벅벅 긁으면 벌겋게 상처만 생긴다. 그래서 건성 피부, 아토피성 피부염과 건선 환자들에게 피부과 의사들이 입이 아프도록 보습을 강조하는 것이다.

오래전부터 우리나라 여성들이 피부를 가꾸기 위해 애용해 온 쌀뜨물 세안. 여기에도 미강의 효능이 숨어 있다. 쌀뜨물에는 쌀을 도정할 때 벗겨진 쌀겨와 쌀눈의 주요 성분 페룰산이 남아 있어 피부를 하얗고 촉촉하게 만들어 준다. 이렇게 미강에 풍부하게 들어 있는 페룰산은 미백 세럼이나 앰플에 들어 있는 항산화 물질이다. 멜라닌 색소의 생성을 억제해 기미나 주근깨가 생기는 것을 막아 준다.

이런 성분들 덕분에 미강을 물에 풀어 세안하면, 여름철에는 기미나 잡티가 생기는 것을 억제할 수 있고, 환절기와 겨울철에는 건조한 피부에 수분을 채워 줄 수 있는 것이다.

미강에는 비타민B$_1$과 비타민E, 철분, 미네랄 등 영양소가 듬뿍 들어 있다. 그러나 안타깝게도 미강은 대부분 도정 후 그냥 버려졌다. 그런데 요즘은 미강이 그 영양 성분으로 인해 주목을 받으면서 생식용으로 판매되고 있다. 미강을 우유나 채소 주스에 타서 먹거나 헴프시드나 치아시드처럼 요리에 뿌려 먹으면 건조한 피부에 수분을 공급하는 데 도움이 된다.

미강이 좋은 또 하나의 이유는 체지방과 콜레스테롤 감소에 효과적이기 때문이다. 농촌진흥청이 충북대학교와 공동으로 미강이 지방세포 감소에 얼마나 효과적인지 연구한 결과, 고지방 식사를 하더라도 고농도 쌀겨 추출물을 함께 섭취한 실험군은 체중 증가율이 월등히 낮았다. 그뿐만 아니라 고지방 식이를 했음에도 불구하고 지방세포 크기가 커지지 않았다. 이는 쌀겨에 풍부하게 들어 있는 생리활성물질인 비타민E(토코페롤계+토코트리에놀계), 폴리코사놀, 파이토스테롤, 감마오리자놀이 강력한 항산화 효과를 지녔을 뿐 아니라, 혈중 콜레스테롤을 낮추는 효과가 있기 때문이다.(출처: 〈LWT-Food Science and Technology 61〉, 2015)

미강은 뇌의 기능을 높이고 신경을 안정시키는 효과도 있다. 미강에 들어 있는 페룰산은 뇌의 노화를 막고 알츠하이머 예방에 도움을 준다. 또한 미강에는 아미노산 신경전달물질인 가바가 들어 있어 갱년기에 쉽게 찾아오는 우울증을 감소시킨다. 갱년기가 되면 밤잠을 못 이루는 불면증도 찾아오기 마련인데, 감마오리자놀, 파이토스테롤이 숙면을 돕는다.

피부와 건강에 효과만점인 팔방미인 미강. 이제 '천연 피부 보습제' 미강으로 알뜰하고 똑똑하게 피부를 관리하고 생체 나이도 되돌리자.

TIP 미강으로 팩하자!

미강에는 피부를 맑게 해 주고 노화를 막는 비타민B1과 비타민E가 풍부하게 들어 있다. 일반적으로 천연 팩을 만들 때 밀가루로 농도를 조절하는데, 밀가루 대신 미강을 사용하면 피부를 맑게 만들 수 있을 뿐 아니라, 피부 보습 효과를 톡톡히 경험할 수 있다. 또한 팩에 꿀을 섞으면 꿀의 당분이 각질 제거를 돕고 피부 보호막을 형성해 윤기 있고 탱탱한 피부를 만날 수 있다.

재료: 미강 가루 2스푼, 요거트 2스푼, 꿀 1/2스푼
① 미강 가루와 요거트, 꿀을 잘 섞어 준다.
② 패치 테스트 후, 얼굴에 팩을 펴 바르고 15분 뒤 물로 씻어 낸다.
③ 마지막에 찬물로 세안하면 피부 탄력을 높이는 데 도움이 된다.

December

12월

#영양 주사

#피부 장벽

#브라질너트

01

아미노산 덩어리, 태반에 주목하라!

#영양 주사

화제의 중심이 된 피부과 주사

여성이라면 누구나 제 나이보다 어려 보이고 싶은 법. 그 마음은 남성이라고 다르지 않을 것이다. 제 나이로 보인다는 게 요즘은 기분 나쁜 말이 되어 버렸다. 100세 시대다 보니 환갑의 나이도 옛날의 중년인 셈이다. 남녀를 불문하고 건강하고 활력 있는 인생을 살고 싶은 것은 인지상정일 것이다.

피부과나 성형외과에는 젊음과 활력을 위한 주사 종류가 참 많다. 신데렐라 주사, 비타민 주사, 마늘 주사, 감초 주사, 태반 주사, 백옥 주사 등 이름도 가지각색이다. 예컨대 마늘 주사는 푸르설타민과 알리네이트 성분이 들어 있어 피로 회복과 면역력 향상에 좋은 비타민B$_1$의 합성을 유도한다. 푸르설타민의 알리신이 마늘의 매운맛을 내는 성분과 비슷해 주사를 맞으면 입에서 마늘 냄새가 나기 때문에 '마늘 주사'라고 부른다. 또 '백옥 주사'는 항산화 성분 글루타티온이 들어 있어 신진대사를 원활하게 하는데, 간 기능 개선과 함께 피부 미백 효과도 있어 이렇게 불린다.

그런데 이 많은 주사 중에서 주사제 성분이 그대로 이름에 붙은 것은 태반 주사뿐이다. 쉽게 말해, 마늘 주사에는 마늘이 들어 있지 않지만 태반 주사에는 태반이 들어 있다.

Dr. 강현영의 beauty comment

피부 좋아지는 영양 주사

1. 마늘 주사: 감기가 잘 낫지 않을 때 권유받는 주사. 활성형 비타민B₁
   은 체내에서 근육과 신경의 기능을 활성화하고 신진대사를 원활하
   게 해 주어, 피로와 무기력함에서 회복하는 데 도움을 준다.

2. 백옥 주사: 비욘세의 피부가 밝아진 게 이 주사 덕분이라고 해서 일명 '비욘세 주
   사'라고도 불린다. 피부와 간에서 생성되고 저장되는 항산화 성분인 글루타티온이
   주요 성분이며, 지방간 등 간 질환을 개선하기 위해 사용되기도 한다. 멜라닌 색소
   생성을 억제해 피부 미백에 도움을 주고 콜라겐 생성을 도와 노화를 늦춘다.

3. 신데렐라 주사: 체내 활성산소 생성을 억제하고 에너지 생성을 촉진해 세포 노화
   를 막아 주는 알파리포산이 주요 성분으로, 근육의 피로를 푸는 데 도움을 준다. 피
   부를 밝게 하고 탄력 있게 만들어 주며, 체지방을 감소시키는 효과도 있다.

곰 한 마리 등에 업은 듯 피곤할 때 맞으면 좋은 태반 주사

갱년기 증상으로 인해 등에 열이 나서 잠을 이룰 수 없을 때, 태반 주사를
맞으면 증상이 호전된다. 실제로 의료계의 여러 논문에서 태반이 갱년기
증상, 피로 회복에 미치는 긍정적 영향을 확인할 수 있다. 감기 몸살, 과로
와 스트레스로 인해 몸이 쇠약해졌다면, 태반 주사로 저하된 간 기능을 개
선해 신진대사를 원활하게 하면서 피부까지 환해지는 결과를 볼 수 있다.
그렇다고 해도 환자의 몸 상태를 고려해 꼭 필요하다면 처방해야 하며 남
용은 바람직하지 않다.

태반 주사란 태반에서 추출한 아미노산을 투여하는 것이다. 알다시피, 태
반은 태아와 모체 사이의 영양 공급과 노폐물 배출, 면역력에 관여하기 때
문에 아미노산과 펩타이드, 비타민, 핵산, 미네랄 등 필수 영양소와 성장인

자, 면역물질이 함유되어 있다. 오래전에는 치료를 위한 민간요법으로 건강한 아이를 낳은 건강한 산모의 태반을 구해 삶아 먹기도 했다는 이야기도 전해진다.

아기를 출산하고 난 뒤에도 여전히 태반에 남아 있는 면역물질이 항염 작용을 해서 피로감을 줄여 주고, 태반 속에 남은 여성 호르몬인 에스트로겐이 갱년기 증상을 호전시키는 효과가 있다. 따라서 사람의 태반인 인태반은 탈모, 아토피성 피부염, 성 기능 개선, 간 기능 개선 등의 치료에 다양하게 활용되고 있다.

사람의 태반과 가장 비슷한 단백질을 지닌 것은 돼지의 태반인 돈태반과 양의 태반인 양태반이다. 따라서 돈태반과 양태반에서 추출한 성분들로 사람의 피부나 건강을 개선할 수 있도록 만든 화장품이나 건강 기능 식품들이 많이 개발되어 시판되고 있다.

돈태반은 인태반보다 구하기 쉽고 안전성과 흡수율이 높다고 알려져 있다. 돈태반에는 피부 속 콜라겐을 구성하는 주요 아미노산인 글리신, 하이드록시라이신, 알라닌, 프롤린 등이 들어 있을 뿐 아니라, 엘라스틴을 구성하는 아미노산은 인태반보다 더 많은 종류가 들어 있다. 2012년 호서대학교 연구팀의 연구 결과, 돈태반이 간의 손상을 억제하는 효과가 있다고 검증되었다.

양태반은 예전부터 호주나 뉴질랜드 여행을 다녀온 사람들이 '플라센타(태반) 성분 함유'가 표기된 크림을 선물용으로 구입해 오곤 해서 우리에게 익숙하다. 요즘 플라센타는 국내 브랜드의 화장품 성분으로도 많이 사용되고 있다. 아이크림, 앰플, 보습크림, 마스크팩 등 안티에이징 화장품 설명에 이 단어가 들어가 있다면, 보통 양태반 성분을 의미하는 것이다.

양태반은 인태반처럼 융모로 덮여 있으며 분자 구조가 인태반과 유사해 우리 몸에 잘 흡수되고 단백질 함량도 매우 높다. 또한 단백질의 대명사인

닭가슴살의 두 배에 이르는 단백질이 들어 있으며 콜라겐을 구성하는 아미노산도 21종이나 들어 있다. 아미노산 중 아르기닌은 근육을 생성하고 갱년기 증상을 완화하는 데 도움을 준다. 또 양태반은 사과의 300배가 넘는 비타민C도 함유하고 있다.

태반은 콜라겐을 구성하는 아미노산 덩어리

피부과 의사로서 주목하는 것은 태반의 피부 미용 효과다. 간에 좋으면 피부에도 좋은 법. 동서양을 대표하는 미인인 양귀비와 클레오파트라가 피부를 젊게 유지한 비결 중 하나가 태반이라고 한다. 태반 성분은 할리우드 스타 제니퍼 애니스톤의 동안 피부 비결이기도 해서, 그녀는 감자칩과 스무디에도 양태반을 넣어 먹을 정도라고 한다. 〈한국미용학회지〉가 2012년 발표한 바에 따르면, 30~40대 여성 24명에게 태반 주사를 투여한 결과 색소 침착, 주름, 홍반, 각질 개선에 도움이 되었다고 한다.

태반 주사의 성분인 아미노산은 단백질 구성 성분으로, 피부를 촉촉하고 탱탱하게 만들며 피부 탄력을 책임지는 콜라겐의 원료가 된다. 앞에서도 말했지만 콜라겐 합성을 위해 돼지 족발이나 껍데기를 먹어도 고분자 콜라겐은 2%밖에 흡수되지 않고, 콜라겐이 함유된 화장품을 발라도 피부 깊숙이 있는 진피층까지 도달하기는 쉽지 않다.

반면 태반 주사 속 아미노산은 천연보습인자로서 진피층까지 도달하여 피부가 젊어지는 데 꼭 필요한 원료를 공급해 주는 셈이다. 피부 탄력이 생기면 모공이 작아지고 주름이 옅어지는 효과도 있다. 피부과에서는 기미 개선에도 태반을 사용하는데, 티로시나아제의 활성을 억제해 피부 속 멜라닌 색소 생성을 막기 때문이다.

태반이 이렇게 육체 피로를 개선하고 면역력을 높이며 피부 미용에도 좋다고 해서 관심이 높아지고 있다. 하지만 맹신은 금물이다. 태반 추출물을 내세운 뷰티 제품, 건강 식품이 시중에 많이 나와 있는데, 이러한 제품을 선택할 때는 위생적이고 안전한 공정을 거쳐 제조되었는지 꼼꼼히 따져 보고 구입하기 바란다.

아무리 좋은 성분을 주사제로 투여하고 건강 식품으로 섭취한다 해도 흡연과 음주, 수면 부족, 과도한 스트레스 등 몸을 망치는 생활 습관을 바꾸지 않으면 효과는 반짝하고 사라지며 '결국 돈 낭비'라는 결론을 스스로 내리고 만다. 운동과 식이요법, 적절한 치료를 병행해 몸 자체의 면역력을 높여야 관리도 훨씬 효과적이라는 사실을 기억하자.

TIP 동안 피부 만드는 양태반 팩

우리 피부의 탄력을 책임지는 단백질인 콜라겐이 감소하면서 피부는 얇아지고 메마르며 주름이 생긴다. 콜라겐을 채워 줄 최고의 팩이 바로 양태반 팩이다. 양태반의 아르기닌 성분은 세포 조직의 성장을 유지시켜 피부 건강에도 좋다.

재료: 양태반 가루, 꿀, 정제수
① 양태반 가루 1스푼과 꿀 1스푼을 정제수 2스푼과 섞어 준다.
② 패치 테스트는 필수. 손등이나 팔 안쪽에 먼저 발라 피부가 붉게 변하거나 가렵지 않은지 살핀다.
③ 스킨으로 피부 결을 정돈한 뒤, 얼굴 위에 팩을 바르고 15분 뒤 씻어 낸다.

태반 주사, 정확히 알고 사용하자

예로부터 '이것으로 영원불멸의 몸과 피부 상태를 유지할 수 있다'는 속설의 주인공인 태반.《본초강목》과《동의보감》에 그 효과가 기재되어 있기도 하다. 간혹 태반 주사가 불법이라고 오해하는 이들도 있는데, 약품으로 가공된 태반은 식약처가 간 기능 개선과 갱년기 장애 치료에 한해 그 효과를 인증한 전문 의약품이다.

그런데 법망을 피해 가공 처리되지 않은 인태반이 거래되는 경우가 있다고 한다. 적절한 처리 없이 인태반을 유통하는 것은 명백한 불법 행위이거니와, 출처를 알 수 없는 인태반이 몸에 좋을 리 없다. 또 B형 간염이나 C형 간염, 에이즈 등 바이러스성 감염 질환에 걸린 사람의 태반을 먹으면 감염의 우려가 크다.

슈퍼푸드든 화장품이든 많이 먹고 바르면 무조건 좋다는 생각은 이제 버리자. 앞서도 강조했지만, 뭐든 과유불급이다. 태반 주사를 비롯한 주사들도 예외가 아니다. 태반 주사나 마늘 주사, 백옥 주사 등 몸의 피로를 개선하는 주사들에 너무 의존하다 보면, 일종의 중독 증상이 생긴다. 조금만 몸이 피로해도 주사부터 찾게 되는 것이다.

피로 회복과 피부 개선 효과를 강조한 태반 화장품, 식용 태반 분말 등이 시판되고 있다. 사람마다 신체 상태가 다르기 때문에 효과도 다를 수밖에 없는데, 원하는 만큼 효과가 나타나지 않는다고 해서 과하게 바르거나 섭취하는 것은 옳지 않다. 개인의 몸 상태에 따라서는 에스트로겐과 연관된 자궁암이나 유방암을 유발할 가능성도 있다.

우리 피부과에 내원하는 환자들에게 갱년기 증상으로 태반 주사를 처방하는 경우가 있는데, 처방에 앞서 반드시 체크하는 것이 있다. 자궁근종이나 여성 질환과 관련된 병력이다. 태반이 갱년기 증상을 호전시키는 데 효과가 있는 이유는 여성 호르몬을 활성화하기 때문이다. 따라서 자궁근종이나 여성 질환이 있다면 태반 주사를 맞아서는 안 된다.

 불법 주사, 젊어지려다 상처만 커진다

피로 해소에 도움을 받기 위해 편히 집에서 태반 주사를 맞는다는 사람들이 있다. 이른바 '주사 아줌마'를 불러 불법 시술을 받는다는 것이다. 아직도 주사 아줌마들이 활개를 치고 있다는 생각이 들어 씁쓸하다. 사람의 신체에 주사를 놓는 것은 전문적인 영역의 일이다. 싼 가격에 현혹되어 무면허 시술을 받았다가 심각한 화상, 피부 색소 변화나 흉터가 생기기도 하고, 심지어 피부 괴사나 피부암 등의 무서운 부작용을 겪게 되기도 한다. 아무리 유명한 프랜차이즈 피부 관리실이라 해도 주사 시술은 엄연한 불법이다. 미용 주사는 전문 의료 기관에서 정확한 검사와 절차를 밟아서 시술받아야 한다.

겨울 화장품 똑똑하게 고르기 02

찬 바람과 건조한 공기의 습격으로부터 피부를 지키려면?

겨울철 바깥은 찬 바람이 쌩쌩 부는 영하의 날씨고, 실내는 온풍기에서 쉴 새 없이 뿜어져 나오는 뜨거운 바람 덕에 후끈후끈하다. 그러잖아도 찬 바람 때문에 건조해진 피부가 실내에 들어오면 더 건조해지니 피부 장벽이 무너지고, 촉촉하게 피부 속을 채워 줘야 할 수분이 모두 증발한 것처럼 따갑기까지 하다. 이러다 보면 피부가 트는 것은 시간문제다.

삼십 대를 넘어서고도 동안 미모를 자랑하는 여배우들의 뷰티 비법을 보면 공통점이 있다. 겨울철에 보일러를 썰렁하지 않을 정도로만 트는 것, 그리고 온풍기는 절대로 사용하지 않는 것. 특히 자동차 내부처럼 좁은 공간에서는 영하의 날씨라 해도 온풍기를 틀지 않는다. 뜨겁고 건조한 바람이 피부에는 독이기 때문이다. 이뿐 아니라 따뜻한 물로는 세안을 하지 않고, 반드시 미온수로 세안한 뒤 마지막엔 차가운 물로 헹군다. 설거지를 할 때도 손을 씻을 때도 마찬가지로 미온수나 찬물을 사용한다. '따뜻한 물=피부 노화'라는 공식은 피부 어느 부위를 막론하고 적용되기 때문이다.

뜨거운 햇볕과 자외선의 공포와 맞섰던 여름도, 피부가 극도로 예민해지고 까칠했던 가을도 지났다. 그런데 이제 찬 바람 쌩쌩 부는 겨울이 찾아온다. 매서운 바람은 피부 장벽을 뒤흔들어 수분을 빼앗는데, 정상 피부의 수분 함량이 20~30%라면 겨울철에는 10% 이하로 떨어진다. 수분이 줄어드니 각질층에서는 유분을 마구 분비해 유·수분 밸런스도 깨지고 만다. 속은 건조한데 겉은 기름이 번지르르한 상태가 되는 것이다.

또 나이가 들수록 피부 속 콜라겐과 엘라스틴이 줄어들면서 수분을 머금고 있는 천연보습인자도 줄어든다. 젊어서는 유분이 충만한 지성 피부였더라도 사십 대 이후에는 건성 피부가 되는 경우가 흔하다.

피부가 건조해서 땅기고 군데군데 각질이 일어나면 일단 로션이나 크림부터 바르기 마련이다. 그런데 겨울에는 피부 보호막, 즉 각질층이 두꺼워지기 때문에 여름에 사용하던 화장품으로는 보습과 영양이 충분하지 않다. 여름엔 가벼운 제형의 스킨과 로션, 즉 피부에 수분을 공급하고 더위에 자극받은 피부를 진정시켜 주는 화장품을 주로 사용했다면, 겨울에는 이른바 '콧물' 제형의 보습 스킨을 사용하는 것이 좋다. 또 악건성이라면 보습 성분이 함유된 에센스나 세럼도 하나 추가해야 한다.

무엇보다 건조한 환경에서 손상된 피부 장벽을 회복시킬 세라마이드나 히알루론산 등 천연보습인자가 들어 있는 제품을 사용해야 하는데, 여기에 겨울철 찬 바람과 온풍기 바람에 건조해져 손상된 피부의 재생을 돕는 성분까지 들어 있다면 금상첨화다.

건성 피부는 겨울철에 유분이 많은 영양크림만 듬뿍 바르면 피부가 금세 회복될 거라 생각하지만 정작 끈적끈적하기만 할 뿐이고 피부에 흡수되어야 할 성분이 겉돌 수 있다. 반대로 수분 부족형 지성 피부라고 해서 수분만 채워 준다면 유·수분 밸런스가 깨진다. 두 피부 타입 모두 수분과 영양을 함께 공급하여 유·수분 밸런스를 맞춰 주어야 한다.

피부 장벽 강화하는 천연보습인자(NMF)

겨울철 피부 관리의 핵심은 피부 장벽을 튼튼하게 유지하는 것이다. 안티에이징 크림이든 수분크림이든 에센스든 주요 성분과 함께 천연보습인자(NMF)가 들어 있는 화장품을 골라야 피부 장벽을 튼튼하게 지킬 수 있다. 화장품 성분표에서 볼 수 있는 세라마이드, 히알루론산, 아미노산, 글리세린, 지방산 등이 대표적인 천연보습인자이다.

히알루론산은 피부, 관절 윤활액, 눈, 추간판, 연골에 많이 들어 있다. 히알루론산은 자기 무게의 천 배가 넘는 수분을 끌어당기는 우리 몸의 중요한 수분 저장고라 할 수 있다. 피부 진피층에 수분을 저장할 뿐 아니라 피부를 탄탄하게 지탱하는 콜라겐과 엘라스틴 층을 단단하게 만들어 준다. 히알루론산은 나이가 들수록 점차 감소해 70세쯤 되면 거의 남지 않는다. 70세의 피부를 떠올리면, 수분과 결합해 피부를 탱탱하게 만드는 히알루론산의 역할을 실감할 수 있을 것이다.

몸 안에 없다면 주사를 맞거나 화장품을 바르거나 식품을 먹어서 보충하는 수밖에 없다. 알다시피 히알루론산은 움푹 꺼진 곳을 채워 주는 미용 시술인 필러의 주성분이기도 하다. 그래서 히알루론산 성분이 함유된 화장품들은 '바르는 필러'라고 효능을 강조하기도 한다.

히알루론산만큼이나 유명한 천연보습인자는 세라마이드다. 보통 각질을 벽돌, 지질을 회반죽에 비유하곤 한다. 각질과 각질 사이를 지질이 튼튼하게 연결해 주면 피부 장벽도 튼튼해져서 보습인자를 피부 속에 잡아 둘 수 있지만, 피부 장벽이 흔들리고 무너지면 보습인자가 날아가 피부가 건조해질 수밖에 없다. 그런데 이 지질의 50%를 차지하고 있는 것이 세라마이드다. 따라서 세라마이드가 들어 있는 보습제는 피부 장벽을 튼튼하게 해 준다. 나에게 지금 화장대 위에서 꼭 필요한 제품을 딱 하나만 고르라고 한다면, 세라마이드 성분이 함유된 보습제를 선택할 것이다.

피부를 치유하는 마데카소사이드와 EGF

피부 수분도가 10% 이하로 떨어지면 피부 장벽은 손상을 입는다. 이럴 때 피부 장벽의 재생을 돕는 것이 바로 마데카소사이드 성분이다. 예로부터 민간에서 약재로 사용해 온 병풀 추출물로 '새살이 솔솔 돋아난다'는 모 연고 광고의 카피처럼, 손상된 피부의 재생을 돕고 소염 작용을 한다.

재생크림이나 보습크림에 흔히 '시카 크림', '마데카소 크림', '센텔라아시아티카 크림' 등의 이름이 붙어 있다면, 모두 마데카소사이드 성분이 들어가 있다는 뜻이다. 민감성 피부, 지성 피부, 건성 피부 등 피부 타입에 상관없이 사용할 수 있으며, 진피층의 콜라겐과 엘라스틴 합성을 돕고 유분과 수분 밸런스를 맞춰 피부 건조를 개선시킨다.

앞서 소개했듯이 EGF는 상피세포 성장인자로, 피부 상처가 흉터 없이 아물도록 돕는 단백질이다. 우리 몸에 있는 EGF는 25세를 기점으로 점차 감소하기 때문에 나이 들수록 피부 재생 능력도 떨어진다. 재생크림 성분표를 보면 휴먼올리고펩타이드-1, 알에이치-올리고펩타이드-1 등 '펩타이드'라는 표기를 볼 수 있다. EGF도 펩타이드 성분의 일종이다.

화장품에 들어 있는 대부분의 성분은 표피와 기저막을 뚫고 진피층까지 도달하기 힘들다. 그러나 EGF는 표피층과 진피층 간의 소통을 도와 섬유 아세포의 증식을 촉진해 콜라겐을 합성하고 피부 재생을 돕는다.

펩타이드 화장품이 인기를 끌고 입소문을 타면서 '도대체 펩타이드가 뭐기에?' 하고 궁금할 것이다. 펩타이드란 두 개 이상의 아미노산이 결합해 만들어진 화합물을 일컫는다. 분자 구조가 작아서 피부 속까지 깊이 침투해 콜라겐과 엘라스틱 합성을 돕는다. 콜라겐도 저분자 펩타이드 형태로 섭취하면 흡수가 잘 된다.

미스트와 수분크림, 계절에 맞게 사용하기

봄, 여름, 가을, 겨울, 어느 계절을 막론하고 여성들의 가방 속, 사무실 책상 위 혹은 자동차 운전석 옆에 구비되어 있는 것이 바로 미스트다. 그만큼 미스트는 수분크림과 함께 피부 건조를 잡기 위해 꼭 필요한 화장품으로 인식되고 있다. 그런데 미스트를 뿌릴 때는 촉촉했는데 얼마 지나지 않아 오히려 피부가 땅기는 느낌이 드는 걸 모두 경험해 봤을 것이다. 그러면 '이 미스트는 효과가 떨어지네' 하며 멀리 치워 버리고 만다. 하지만 사실 그것은 미스트의 용도 차이 때문.

여름과 겨울, 각 계절에 따라 미스트는 뿌리는 용도가 다르다. 여름에는 햇볕에 달아오른 얼굴과 열을 가라앉히는 진정 작용을 위해 미스트를 뿌린다. 반면 겨울에는 건조한 피부에 보습 효과를 주기 위해 사용한다. 따라서 미스트에 꼭 오일 성분이 섞여 있어야 피부에 막을 형성해 수분 손실을 막을 수 있다. 미스트를 뿌리고 나서 오히려 피부가 땅기는 느낌이 든다면 오일 성분이 들어 있는 미스트로 바꾸는 것이 좋다.

여기서도 과유불급의 명제가 적용된다. 지성이나 복합성 피부라면 오일이 너무 많이 함유되어 있는 미스트는 '비추'다. 오일 성분이 모공을 막아 피부 트러블을 유발하기 때문이다. 오일 미스트를 사용할 때는 먼저 턱, 목,

팔 안쪽 등에 트러블이 유발되지는 않는지 테스트해 본 뒤 사용하는 것이 좋고, 너무 많은 양을 자주 뿌리지 않도록 한다.

　지성 피부 혹은 복합성 피부라서 피지 분비로 인해 모공이 잘 막히고 뾰루지가 자주 생긴다면 수분만 들어 있는 미스트가 좋다. 그러나 건성 피부라면 수분으로만 이루어진 미스트를 사용했을 때 금세 땅기는 느낌이 들 수 있다. 그럴 때 오일 성분이 들어 있는 미스트를 사용하면 수분 보호막을 형성해 보습 효과가 오래 유지된다.

　아무리 좋은 미스트라도 피부에 흡수되지 못하면 말짱 도루묵. 미스트를 뿌린 뒤에는 피부 속 깊숙이 스며들 수 있도록 톡톡 두드려 흡수시켜 주어야 한다. 그러지 않으면 피부 겉에만 머물러 있다가 공기 중으로 증발되면서 피부 각질층에 있는 수분까지 빼앗아가기 때문에 오히려 피부가 건조해질 수 있다.

　미스트와 더불어 피부에 촉촉한 수분을 채워 주는 수분크림. 아무리 수분을 공급해도 피부 장벽이 튼튼하지 않으면 '밑 빠진 독에 물 붓기'다. 피부 장벽을 튼튼히 해 주는 히알루론산이나 세라마이드 등 천연보습인자가 들어 있는 제품을 선택하는 것은 기본이고, 얼마나 오랫동안 보습력을 유지하는지도 살펴보아야 한다.

　평소 일반적인 건성이었다가도 겨울만 되면 극건성 피부로 변하는 사람들은 하루에도 몇 번씩 수분크림을 덧발라 주는데, 피부가 한 번에 흡수할 수 있는 화장품의 양은 정해져 있다는 사실을 잊지 말자. 너무 많은 양을 바르면 흡수되지 않은 성분이 모공을 막아 비립종이 생길 수 있다. 비립종이란, 피부의 얇은 부위에 1mm 내외의 작은 모낭 주머니가 생겨 각질이 차는 것. 따라서 겨울철에는 적정량의 수분크림을 아침저녁으로 발라 피부에 수분을 공급하도록 한다.

　반면 지성 피부라고 해서 크림을 전혀 바르지 않는 사람도 있다. 하지만 지성 피부는 유분이 많은 피부이지 수분이 많은 피부가 아니다. 지성 피부도 수분을 공급해 줘야 속 땅김을 막을 수 있다. 단, 수분크림을 선택할 때는 유분기가 적은 제형을 고르는 것이 좋다.

겨울철에는 피부가 건조해 무척 예민한 상태이기 때문에 조금이라도 자극이 강한 화장품을 쓰면 뒤집어질 수 있다. 알코올, 방부제, 인공향 등 피부에 자극을 주는 성분을 최소로 줄인 제품을 선택하자. 특히 광물에서 추출한 미네랄 오일은 모공을 막고 건조해진 피부를 자극할 수 있으니 반드시 피하도록 한다. 아울러 보습크림 사용 후 유분이 많은 고체 밤을 한 번 덧바르면 피부에 수분을 좀 더 오래 가둬 둘 수 있다.

Dr. 강현영의
b e a u t y
c o m m e n t

미스트 제대로 뿌리는 법

미스트를 하루에 열두 번도 더 뿌려서 일주일에 한 통씩 사용하는 사람도 있다. 그러나 화장품은 적정량을 사용해야 피부에 좋은 법. 미스트를 너무 자주 뿌리다 보면 오히려 수분 손실로 건조를 유발할 수 있다. 미스트는 오전 오후에 각 1~2회가량 뿌리는 것이 적당하다. 미스트를 뿌릴 때는 20~30㎝ 거리를 두고 위에서 아래로 뿌린다. 너무 가까이에서 뿌리면 피부에 닿는 물 분자가 커서 흡수력이 떨어진다.

03 하루 두 알로 피부 건강 지키는 브라질너트

#브라질너트

셀레늄의 왕, 브라질너트

견과류가 몸에 좋다는 것은 이미 잘 알려진 사실이다. 호두에는 뇌에 영양을 공급하고 혈관 속 콜레스테롤을 낮추는 불포화지방산이 풍부하다. 아몬드에는 항산화 물질인 비타민E와 플라보노이드가 함유되어 있다. 잣은 비타민B군이 풍부하고 올레산, 리놀렌산 등 불포화지방산이 풍부해 피부를 탱탱하게 해 준다. 이처럼 견과류는 단백질, 식이섬유, 비타민E, 미네랄이 들어 있고 항산화 물질, 불포화지방산이 풍부해 혈관 질환, 나아가 노화까지 예방하는 슈퍼푸드다.

그런데 요즘 방송을 보면 연예인들이 건강을 위해 땅콩 2~3배 정도 크기의 견과류를 챙겨 먹는 모습을 종종 볼 수 있다. 암 치료를 받았거나 치료 중인 사람들도 이걸 먹는다고 한다. 바로 '셀레늄의 왕'이라 불리는 브라질너트다.

셀레늄은 무기질의 일종이다. 종합 영양제를 보면, 몇 가지 비타민과 무기질이 들어 있다고 적혀 있다. 이렇듯 어떤 음식에 들어 있는 영양소에 대해 설명할 때 '무기질이 함유되어 있다'고 말하는데, 사실 여기서 무기질이 무엇인지는 잘 와닿지 않는다. 그런데 쉽게 말해서, 무기질은 칼슘, 인, 철, 요오드, 마그네슘, 아연, 망간, 셀레늄 같은 무기 화합물을 지칭하며 미네랄과 같은 말이다.

비타민이야 효능을 잘 알고 있지만, 도대체 미네랄은 우리 몸에서 어떤 역할을 하는지 궁금해진다. 그러나 눈에 띄지 않게 조용히 제 역할을 하던 사람이 빠지면 시스템이 잘 돌아가지 않는 것처럼, 미네랄도 우리 몸에서 아주 소량, 즉 4%밖에 필요치 않지만 없으면 무수히 많은 문제가 발생한다. 미네랄은 특히 신체를 구성하고 에너지를 만들 때 꼭 필요한 영양소다. 부족하면 쉽게 피로감이 느껴지고, 눈꺼풀이 떨리는 등의 근육 문제, 두통이나 기억력 감퇴 같은 뇌의 문제가 생기기도 한다.

미네랄의 일종인 셀레늄은 활성산소를 없애 주는 항산화 물질이 풍부해 세포 손상을 막고 노화를 억제한다. 또한 간과 피부에서 만들어지는 강력한 항산화 물질인 글루타티온 생성에 있어 꼭 필요한 요소이기도 하다. 무엇보다 셀레늄의 항산화 능력은 비타민E의 2940배에 달한다고 한다. 셀레늄이 부족하면 활성산소에 의해 세포가 제 기능을 하지 못해 노화가 빨라지며, 근육통, 심장 근육의 손상 등이 발생할 수 있다. 또 임신 중에 셀레늄이 부족하면 유산의 위험도 있다.

미국 농무부에 등록된 식품 중 브라질너트가 가장 많은 셀레늄을 함유하고 있다고 하니, 브라질너트는 명실공히 '셀레늄의 왕'으로 불릴 만하다. 브라질너트는 볼리비아 아마존 지역에서 자라는 나무 열매의 씨앗이다. 아마존 지역 토양의 셀레늄이 브라질너트 속에 농축되어 있다고 해도 과언이 아니다. 셀레늄은 WHO가 인간이 반드시 섭취해야 할 필수 영양소로 선정했을 정도다. 하지만 브라질너트에 오직 셀레늄만 들어 있다고 생각하면 오산이다. 브라질너트는 5대 영양소와 10종의 미네랄, 10종의 비타민까지 들어 있는 '자연이 준 종합 영양제'다.

브라질너트는 피부 관리와 다이어트를 위한 필수품으로 사랑받고 있다. 면역력을 높이고 해독 작용을 하며 피부를 맑게 하고 노화를 늦춘다. 자외선으로부터 피부를 보호하고, 피부 보습력을 높여 유해 세균이 침투한다

해도 각종 피부 트러블을 거뜬히 이겨 낼 수 있도록 돕는다. 또한 식이섬유가 풍부해 포만감을 주므로 다이어트할 때 꼭 먹어야 할 견과류다.

하지만 뭐든 좋다고 해서 너무 많이 먹으면 오히려 독이 되는 법. 브라질너트는 특히 그렇다. 이 견과류는 두 알만 먹어도 하루에 필요한 셀레늄 양을 채울 수 있다. 너무 많이 먹으면 독성을 나타내 복통, 구토, 설사 등의 위장 장애가 일어날 수 있으니 필요한 양만큼만 섭취하는 지혜로 건강한 아름다움을 유지하자.

TIP **촉촉하고 건강한 피부 만드는 브라질너트 해독 주스**

피부 면역력을 높이고 노화를 억제하는 브라질너트, 항산화 물질인 리코펜이 풍부한 토마토, 엽록소가 풍부하고 노폐물 배출 효과가 탁월한 밀싹으로 해독 주스를 만들어 보자. 단맛을 원한다면 사과나 당근을 첨가해도 좋다.

재료: 브라질너트 2알, 토마토 2개, 밀싹 한 줌
① 밀싹 한 줌을 착즙해 녹즙을 만든다.
② 토마토를 살짝 데쳐서 껍질을 벗겨 준비한다. 토마토 속 리코펜은 익히면 흡수율이 좋아진다.
③ 믹서에 브라질너트, 밀싹 녹즙, 데친 토마토를 넣어 갈아 주면, 노화를 방지하고 몸속 독소 배출, 면역력 증진에도 좋은 브라질너트 해독 주스가 완성된다.

나는 당신이
오래오래
예뻤으면
좋겠습니다

초판 1쇄 인쇄 2018년 11월 12일
초판 1쇄 발행 2018년 11월 22일

지은이 강현영
펴낸이 이범상
펴낸곳 ㈜비전비엔피 · 이덴슬리벨

기획편집 이경원 심은정 유지현 김승희 조은아 김다혜 배윤주
디자인 김은주 조은아 이상재
마케팅 한상철 이성호 최은석
전자책 김성화 김희정 이병준
관리 이다정

주소 우) 04034 서울시 마포구 잔다리로7길 12 (서교동)
전화 02)338-2411 **팩스** 02)338-2413
홈페이지 www.visionbp.co.kr
이메일 visioncorea@naver.com
원고투고 editor@visionbp.co.kr
인스타그램 www.instagram.com/visioncorea
포스트 post.naver.com/visioncorea

등록번호 제2009-000096호

ISBN 979-11-88053-39-1 (13590)

이 도서의 국립중앙도서관 출판예정도서목록(CIP)은 서지정보유통지원시스템 홈페이지(http://seoji.nl.g o.kr)와 국가자료공동목록시스템(http://www.nl.go.kr/kolisnet)에서 이용하실 수 있습니다.(CIP제어번호: CIP2018033992)